ART ENCYCLOPEDIA

青少年科学与艺术素养丛书

中国绘画

小书虫读经典工作室　编著

天地出版社 | TIANDI PRESS

山东人民出版社·济南

国家一级出版社　全国百佳图书出版单位

图书在版编目（CIP）数据

中国绘画 / 小书虫读经典工作室编著. — 成都 : 天地出版社 ; 济南 : 山东人民出版社, 2022.6
（青少年科学与艺术素养丛书 ; 14）
ISBN 978-7-5455-7078-6

Ⅰ. ①中… Ⅱ. ①小… Ⅲ. ①绘画史—中国—青少年读物 Ⅳ. ①J209.2-49

中国版本图书馆CIP数据核字（2022）第072427号

ZHONGGUO HUIHUA
中国绘画

出品人 杨 政
编 著 小书虫读经典工作室
责任编辑 李红珍 李菁菁
装帧设计 高高国际
责任印制 董建臣

出版发行 天地出版社
（成都市锦江区三色路238号 邮政编码：610023）
（北京市方庄芳群园3区3号 邮政编码：100078）
山东人民出版社
（山东省济南市市中区舜耕路517号11-14层 邮政编码：250003）
网 址 http://www.tiandiph.com
电子邮箱 tianditg@163.com
经 销 新华文轩出版传媒股份有限公司

印 刷 北京盛通印刷股份有限公司
版 次 2022年6月第1版
印 次 2022年6月第1次印刷
开 本 700mm×1000mm 1/16
印 张 300（全20册）
字 数 4800千字（全20册）
定 价 998.00元（全20册）
书 号 ISBN 978-7-5455-7078-6

咨询电话：（028）86361282（总编室）
购书热线：（010）67693207（营销中心）

厚植沃土——在知识与知识之间

序一

高品质的图书是精良的知识补给，对于基础教育至关重要。它应该是客观的、开阔的、系统性的。“青少年科学与艺术素养丛书”由小书虫读经典工作室编著，整套图书共20册，涉及艺术素养的有10册，它们内容翔实，不仅涵盖了中国和外国的绘画史、文学史等基础内容，亦包括关于中国书法史和中外音乐史、建筑史、戏剧史等别具一格的分册。

系统的知识构成，体现出教育认知的深度。各分册之间的内在关联，则凸显出丛书的科学性和计划性。在这套丛书中，各门类知识之间不仅环环相扣，更是相互嵌套的。知识之间的这种线性链接和复合交错的双重属性，就是知识的基础结构，它是促成人类自主认知机制的内在支撑。比如丛书中《外国美学》与《外国绘画》就是这种链接关系，美学史与绘画史之间，既是抽象和具体的关系，亦是文本和现实的对照。

精良的知识系统具有复合性。各知识门类之间彼此交叉、互为成全。建筑、戏剧等具有空间属性的艺术，本身便是社会现实的写照，体现了人类在自然条件下开拓和营造空间的能力。它既得益于知识之间的相互结合，又是孕育新知识的母体。建筑艺术就是这方面的典型，它一方面依赖于知识的综合性，一方面又营造了知识生产的文化生态，成为新知识培育和娩出的子宫。丛书中的分册《中外建筑》着实令我欣喜，这俨然显示出一种气象不凡的新型知识格局。

优质的系列丛书具备均衡性。就公民美育的目标而言，大美术是一个富于活力的概念，它为整体素质的提升创造了更为丰富的成长路径和进步空间，对处于启蒙阶段的儿童以及思维养成阶段的少年而言更是如此。美育的入道，理应多元并举、触类旁通。语言文学和视觉艺术之间存在贯通的可能性，听觉艺术和视觉艺术之间也具有内在关联。不同的感官是人类认知世界的通道和媒介，我认为所有感官的开启和闭合都是阶段性的，令我们得以交替运用不同的方式去认知世界。因此，我们需要从小关照各种感官，启发、呵护、培植它们，令它们保持开启的可能性与敏感性，以便伺机而生、临机而动。

在一个人思维模式的形成过程中，理性思维是认知基础和养成目标，但感性思维亦不可或缺。理性主宰着思维方式，感性则关乎灵气。文学、美学、艺术以及建筑领域的经典个案，皆渗透着情感的力量。每一种知识体系的形成都历经了漫长的演变过程，这就是历史。历史学习之所以重要，就在于理性观摩的积淀，以及感性思维的导向，由此，我们可以看到一种理性与感性反复交织的自生模型，并深得裨益。

苏　丹

清华大学艺术博物馆副馆长、清华大学美术学院教授

2020 年 3 月 4 日于北京 · 中间建筑

有艺术滋润的生活才快乐

序二

在人类历史的漫长岁月中，艺术一直伴随着人们的生存和发展。数千年来，不同地区、不同生活生产方式下的人们，无不拥有着各自不同形式的艺术。文学、戏剧、音乐、绘画、建筑、美学等艺术形式，不仅记录了人类自身的生产实践，更表达着他们代代相传的丰富想象力及对理想信念、品德智慧的情感追求。

文化艺术活动反映人们的精神世界，是人类生活表象背后的精神轨迹，也是人类社会的内涵和价值取向。审美生活是人类生活中最高贵的形式，没有艺术滋润的生活是不快乐的。“仓廪实而知礼节，衣食足而知荣辱”是中国古人留给我们的箴言。子曰：“志于道，据于德，依于仁，游于艺。”蔡元培先生认为，美育是最重要、最基础的人生观教育，“所以美足以破人我之见，去利害得失之计较，则其所以陶养性灵，使之日进于高尚者，固已足矣”。文化艺术是人类情感精神活动的结晶，是人类的最高境界和生活方式。这种超越物质生活的精神层面之自由天地，就是文化艺术存在的重要意义。

在当今中国的社会生活中，孩子们学琴、学画画儿，参加各种艺术活动已非常普遍。为了提高学生的美育水平，社会、学校都有明确的目标要求和行动落实。未来中国，文化生活将会变得越来越必需，越来越重要。引导孩子们从小了解、速览各门类艺术史，借此在潜移默化中提升气质修养、凝聚精神力量、积累学识认知可谓至关重要。

这套丛书中与艺术相关的分册内容非常丰富，包括文学、戏剧、音乐、绘画、书法、建筑、美学等各艺术门类，知识性、专业性很强，但又并不枯燥难懂。每本看似体量不大，却是对该艺术门类发展史的高度概括和简述，直观清晰。古今中外，人类文明发展过程中曾对人的精神产生过重要影响的各种艺术形式、观点、环节、人物、作品如同被卫星定位和导航般，在此一下子轮廓尽收，路径显现。

把数千年来的专业知识用通俗易懂的方式介绍给孩子们不是件容易的事。这不是一个简单的“浓缩历史”的工作，而是一项长期且艰难的系统工程。编者需要付出极大的耐心和做出大量的案头工作，必须分门别类，撷取精华，去伪存真，突出特点；同时还要各门类间互为参照补充，遥相印证，准确表达。孩子们通过阅读这套艺术简史，可以了解、掌握必要的“打底”知识，从而理解人类精神情感生活来源的方方面面及发展脉络，可开阔视野，增长见识，激发情趣，进而通过艺术理解生活，实属开卷有益。

还应该引导读者们通过阅读这套书，发现这样一个现象：每当世界有了新的技术和情感记录方式时，文学艺术的创作风格就会另辟蹊径。所谓从物质文明到精神文明的飞跃恰恰体现于此，而为什么说文化是现代社会的核心价值观和竞争力，也体现于此。

读者们通过图文并茂的阅读熟悉了历史的内涵，有了坐标之后，再去博物馆、美术馆、大剧院、音乐厅，感受、印证、共鸣一番，大量知识自然会轻松理解，终生难忘……

我离开大学 30 多年了，读了这套简史，又重温了一遍人类文明进程中的许多重要故事，收获颇丰，感慨良多。我觉得这套简史就是奉献给小读者们学习的精美甜点，如开启智慧的方便法门。不光对孩子们有帮助，同时也可供大人和孩子一起读，交流分享读书感受，老少皆宜，裨益生活。

安远远

中国美术馆副馆长

2020 年 3 月 10 日于中国美术馆

目录

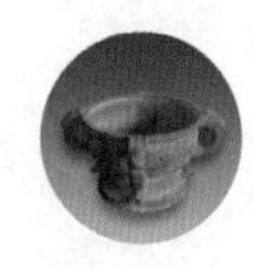

第一章 深山出璞玉，天然去雕琢

（约170万年前—589年）

画，界也。从岩石到泥土，从壁画到帛画，从墙壁到砖石，中国人用线条描绘着自己对世界、对人类最初的认识——古朴世俗，而又旖旎浪漫。在这段漫长的时间里，动物画、人物画是当仁不让的主角，国画的雏形开始出现。

祖先的印记——岩画 — 3

泥土与手的魔术——彩陶绘画 — 5

墙壁上的涂鸦——壁画 — 9

红与黑的碰撞——漆画 — 19

画在布上的画——帛画 — 23

刻在石头上的绘画——画像石和画像砖 — 29

汉代墨迹——木板画和木简画 — 35
文人当画家——六朝“三杰” — 37

第二章 从丰乳肥臀到阿弥陀佛

（581—960年）

随着大唐盛世的到来，中国绘画达到了第一个巅峰，人物画继续领跑，帝王和仕女是其不变的主题。山水画、花鸟画也独立出来自成一体。壁画艺术达到极盛。

从青山绿水到水墨山水 — 47
奉旨作画 — 58
从胖美人到小蛮腰 — 64
鸟语花香的花鸟画 — 73
尘世中的阿弥陀佛 — 79
皇族的今生与来世 — 83

第三章 写实与写意，浓妆淡抹总相宜

（960—1279年）

中国绘画在两宋辽金时期放弃了花团锦簇、金碧辉煌的审美喜好，转而亲近自然，既朴素典雅，又富于生活气息。水与墨成为文人画的主角，与画院写实画如两朵并蒂莲，交相辉映。

因为画画，丢了江山 — 89

张择端的《清明上河图》 — 92
冷冷的浪漫——崔白 — 97
做减法，简约不简单 — 99
梅兰竹菊君子画 — 107
北方山水：皴与点 — 113
南方山水：水与墨 — 121

第四章 “画”中有真意，欲辨已忘言

（1206—1368年）

元代是隐士辈出的时代。为了反抗现实，他们寄情于山水，走入自然，将身外山水转化为内心风景，发展出了高度成熟的文人画。而梅兰竹菊“四君子”成为水墨画的“新宠”，是画家们直抒胸臆的最佳素材。

赵孟頫的失意与得意 — 131
“士”气满满的钱选 — 133
“命运多舛”的《富春山居图》 — 136
“画三代”王蒙 — 141
倪瓒：不孤傲不成活 — 143
梅花道人吴镇 — 147
写意水墨梅竹图 — 149

第五章　以古人为师，为百姓作画

（1368—1840 年）

明清时复古思潮与市民文化交相辉映，一方面院体画大行其道，另一方面文人放下清高，为市民阶层服务，颜色重新出现，题材也日益生活化。文人画日渐衰微，各种地方画派纷纷崛起，卷轴画与年画开始登上历史舞台。

戴进：万花丛中一点绿　—　155
“画状元”吴伟　—　157
大俗大雅的仇英　—　161
吴门派掌门沈周　—　163
江南四大才子　—　167
“画有南北”董其昌　—　173
狂士徐渭　—　175
既怪又俗陈洪绶　—　178
愤世嫉俗的八大山人　—　180
“苦瓜和尚”石涛　—　183
正统大家“四王”　—　186
扬州八怪　—　191
木版年画　—　197

第六章　西学东渐，老树发新芽

（1840—1949年）

1840年以后，帝国主义用坚船利炮打开中国的大门，西学之风渐起，西方艺术思潮也随之涌入国门，为国画带来生机，并产生了一大批融汇中西的近现代国画大家。

海上三任 — 203

“诗书画印”吴昌硕 — 205

岭南三杰 — 209

“中国现代美术第一人”陈师曾 — 211

画虾大师齐白石 — 215

画马大师徐悲鸿 — 217

“墨隐丹青”黄宾虹 — 221

“墨彩相辉”张大千 — 223

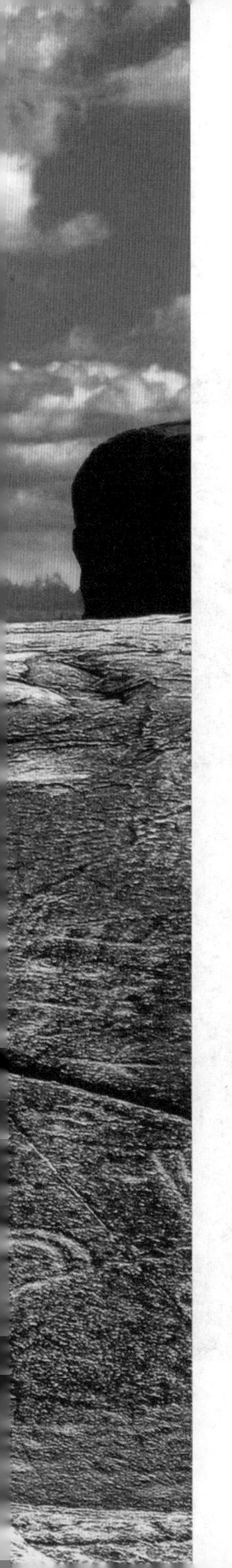

第一章

深山出璞玉，天然去雕琢

（约170万年前—589年）

画，界也。从岩石到泥土，从壁画到帛画，从墙壁到砖石，中国人用线条描绘着自己对世界、对人类最初的认识——古朴世俗，而又旖旎浪漫。在这段漫长的时间里，动物画、人物画是当仁不让的主角，国画的雏形开始出现。

【图1】 将军崖岩画

祖先的印记——岩画

从远古时代起，人类的祖先在劳作之余，习惯于将他们生活的场景、愿望和对世界的想象描绘在岩石上，这就是岩画。岩画在世界上的分布十分广泛，而中国是最早发现并记录岩画的国家，也是岩画遗迹最丰富的国家之一。

中国的岩画大多分布在比较偏远的西北与西南，它们既有相同点，也有不同点。相同点是它们都是用线条构图，有的斫凿，有的涂饰，以线成面，大多形成阴面造型，看起来幼稚而夸张，充满写实、装饰之美。不同点是西北岩画多是刻凿，题材主要是动物、狩猎、放牧等，画面效果粗犷雄浑，例如新疆天山岩画、内蒙古阴山岩画、甘肃黑山岩画等。而西南岩画以人物和人物的活动为主要内容，朴拙神秘，例如云南沧源岩画、广西花山岩画等。

在江苏省连云港将军崖南口，有一块弧形的巨石，上面刻着星相图和植物身人面形（图 1）。前者与天体崇拜有关，后者则被认为是谷物神崇拜的记录。这组植物身人面形共十面，大小不等，最大的一面高 90 厘米、宽 110 厘米，最小的仅高 18 厘米、宽 16 厘米。最大的人面形看起来像一个老妇人，双目眯成鱼形。剩下的九面双眼都呈球形，脸上全是网状纹，十个人面形与地上草状物连在一起，就像植物结出来的果实。因此有人说这是一种植物崇拜，就像人面兽身与动物崇拜有关一样，人面表示神灵。不过，对于这幅岩画的真正含义，学术界并没有定论，有学者认为这是商代杀人祭天的记录，或是天体崇拜中太阳神的形象，那些植物状的纹饰，不过是太阳的光芒而已。

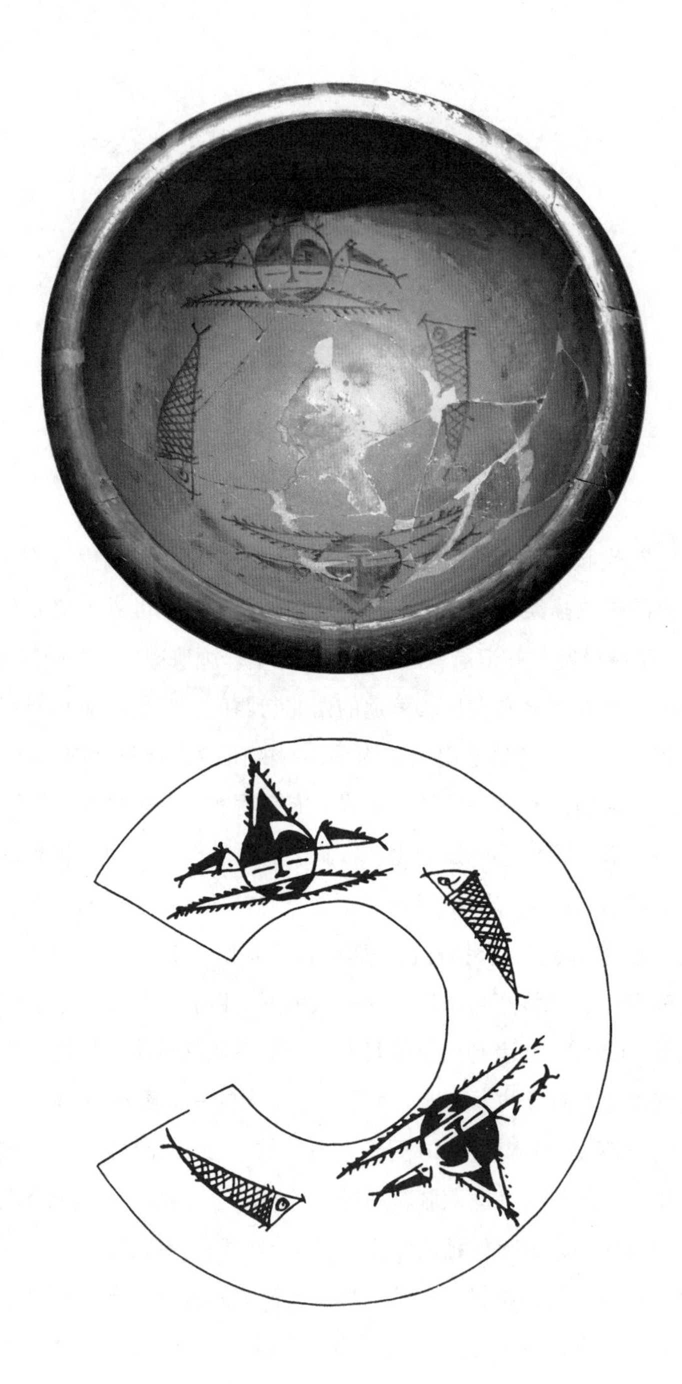

【图2】 人面鱼纹彩陶盆及线描图

泥土与手的魔术——彩陶绘画

中国的绘画史最早可以追溯到原始社会的新石器时代，那个时候的绘画艺术主要体现在彩陶的装饰图案上。1921年，考古工作者在河南渑池村发掘仰韶文化遗址的时候，第一次发现了彩陶。此后，青海、陕西、四川、台湾等许多地方也相继有彩陶被发掘出来。这些出土的彩陶虽然各有特色，不过最著名的还是仰韶文化彩陶和马家窑文化彩陶。这两种彩陶在图案上具有质朴明快、绚丽多彩的特点。

仰韶文化遗址以关中、晋南和豫西一带为中心，这一遗址的彩陶可分为半坡类型和庙底沟类型。

半坡型彩陶发现于陕西西安的半坡、宝鸡的北首岭、临潼的姜寨等地。出土的半坡型彩陶主要有圆底或平底钵、鼓腹罐、细颈瓶、平底盆等。上面的花纹除了简单的几何图形，还有十分丰富的动物图案。在那些动物图案中，鱼形纹算得上是数量较丰富的一种。例如半坡出土的人面鱼纹彩陶盆（图2）。庙底沟型彩陶发现于河南陕县的庙底沟、洛阳的王湾和山西夏县的西阴村等地。1978年，河南临汝阎村出土了一件陶缸，上面画的《鹳鱼石斧图》，是仰韶文化的杰出代表作。陶缸的左端画着一只圆眼、长喙的水鸟。它昂着头，身躯稍微向后倾，显得非常健美，嘴上还叼着一条大鱼。在水鸟的面前画着一把竖立的石斧。石斧上装有木制的把手，把手上的孔洞、标识和紧缠的绳子，都用黑线条真实地勾勒了出来。

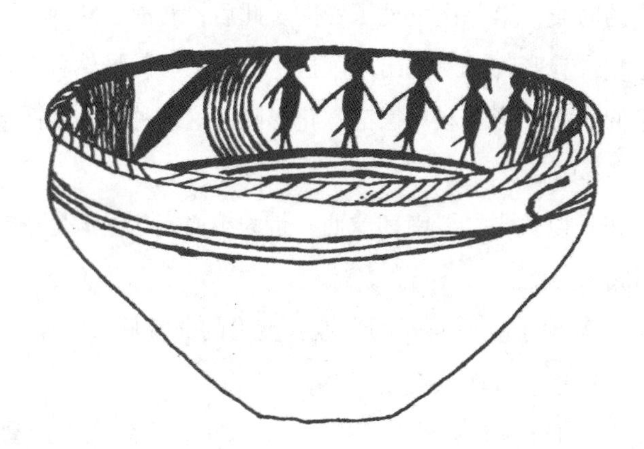

【图 3】 舞蹈纹彩陶盆及线描图

马家窑文化是仰韶文化晚期在甘肃、青海地区的一个分支。马家窑文化彩陶可分为马家窑型彩陶、半山型彩陶和马厂型彩陶。马家窑型彩陶所绘的图案以几何形为主，所画的弧线波澜起伏，和器物形状巧妙地结合在一起。半山型的彩陶所绘的图案以弧线形、方格形、螺旋纹、锯齿纹等纹饰为主。马厂型的彩陶所绘的图案，流行四大圆圈的布局，盛行网格、菱形、米字和变体人形等纹样。

1973 年，在青海大通县上孙家寨出土了马家窑类型的舞蹈纹彩陶盆（图 3），上面画着三组手拉手跳舞的人物形象，五人一组，腰上系着兽皮，这些人朝向一致、头上的发辫摆向相同，下腹的饰物似被风吹起，生动地展现了原始社会的人一起跳舞的情景。

新石器时代彩陶的纹饰所展现出来的形象大多简单质朴，且色彩除了黑色、红色，还有一种黑中带紫的颜色。从显露出来的笔锋可以看出，当时的彩绘已经用上了毛笔，虽然这种毛笔非常简单，差不多就是兽尾或羽毛。

仰韶文化

仰韶文化是黄河中游地区具代表性的新石器时代文化，因首次发现于河南三门峡地区的仰韶村而得名，持续时间大约在公元前 5000 年至公元前 3000 年。

仰韶文化是已知的中国最古老的文化之一，以农业为主，兼顾采集和狩猎，拥有发达的制陶业。

据考古发现，仰韶文化时期的房屋通常是穴居式，即一半在地上，一半在地下。在较大的村落，房屋已经有了一定的布局，中心通常是一个用作公共场所的大房子，周围分布着若干小房子，在小房子的周围还有窑穴和围栏。村落周围通常挖有一条围沟，用来抵挡野兽和敌人，村落外有墓地和窑场。

【图 4】 宜侯夨簋

墙壁上的涂鸦——壁画

庙堂上的宣传画——先秦壁画

中国壁画历史悠久，迄今为止，发现的最古老的壁画遗迹是红山文化女神庙壁画残块，出土于建平、凌源交界处，距今约有5000年。残块上多是用赭红、黄、白等颜色描绘的几何形图案，这正是我国早期壁画的基本特征。第二古老的壁画遗迹，发现于宁夏固原店河村齐家文化遗址，在一座房屋残垣的白灰墙面上，有用红彩描绘的几何纹饰壁画。这是目前已知的中国年代最久远的两处壁画遗迹。

商朝:《说苑·反质篇》中曾引用过《墨子》中的一句话，说是殷纣时期“宫墙文画”“锦绣被墙”。可见殷纣的时候，就已经有了壁画。1975年，考古学家曾在商朝小屯废墟的建筑残骸上发现壁画残块：白灰色的墙皮上用黑色和红色画着对称的几何图案。这些图案由红色的曲线和黑色的圆点组成，线条比较粗糙，看起来应该是起衬托作用的花纹。

周朝:《孔子家语·观周》记载过这样一件事——春秋末年的孔子曾到雒邑（今天的河南洛阳）欣赏过西周的建筑遗迹。上面说“孔子观乎明堂，睹四门墉，有尧舜之容，桀纣之像，而各有善恶之状，兴废之诫焉；又有公相成王，抱之，负斧扆，南面以朝诸侯之图焉。”“孔子徘徊而望之，谓从者曰：

‘此周之所以盛也！’”从《孔子家语》的这段记载可以看出，壁画在内容上可能既有历代帝王肖像画，又有讲述历史的故事画。另外，按照郭沫若对江苏丹徒出土的宜侯矢簋（图4）铭文的考释，西周初年应该曾经有过一幅名为《武王、成王伐商图及巡省东国图》的壁画创作。

春秋战国：战国时期诗人屈原曾经写过一首著名的诗篇《天问》。东汉王逸在《楚辞章句》中为《天问》所作的序言中说：“楚有先王之庙及公卿祠堂，图画天地山川神灵，琦玮谲诡，及古贤圣怪物行事。”又说屈原“周流罢倦，休息其下，仰见图画，因书其壁，呵而问之”，遂成《天问》。战国时期楚国庙堂壁画在题材上十分丰富，自然生物、社会历史、神话传说应有尽有。当然，我们不能说《天问》的内容就是某座楚庙壁画的内容，这显然缺乏证据，但两者的关系十分紧密是显而易见的。

总之，先秦壁画有以下特点：一、除了观赏装饰作用，也有宣传教育的作用；二、南方的壁画侧重想象，北方的壁画侧重写实。

黄泉下的艺术——汉代壁画

壁画在汉代的应用非常广泛，宫殿、衙门、私宅、府衙、墓室都会用到。可惜壁画不宜保存，因为时间以及战乱的影响，现在留存下来的汉代壁画，基本都是墓室壁画了。

西汉前期的墓室壁画，以1988年在河南永城柿园发现的梁王墓室壁画为代表。梁王墓为“凿山为室”的山崖石室墓。主室顶部与西、南两壁，绘着青龙、白虎、朱雀等方位神。形象生动、技法娴熟。其中龙神长5米，矫健张扬，色彩绚丽。除了这些神兽，还有灵芝、云朵、菱形等图案。

西汉后期的墓室壁画，以洛阳发现的四座汉墓的墓室壁画为代表。这四个墓室壁画分别为：卜千秋夫妇墓壁画、洛阳烧沟61号墓壁画、八里台墓室壁画和浅井头墓壁画。其中，洛阳烧沟61号墓壁画，以保存着精美的历史故事画著称。这幅壁画中画着神话传说、墓主人乘龙升天和历史故事等内容。其中最有特色的是历史故事画，例如《二桃杀三士》(图5)，画中淋漓尽致地展现了齐景公的威严、晏婴的机智，以及三壮士的勇猛无谋和舍生取义。画中笔法简练豪放，线条粗犷劲利，对不同人物的身份、性格和情绪都刻画得十分细致。

新莽时期的墓室壁画逐渐开始注意对现实生活的描画。例如偃师辛村新莽壁画中，有描绘庖厨、宴饮等场面的壁画，其中描绘墓主夫妇酒后呕吐、踉跄的画面令人一见难忘。

东汉时期的墓室壁画，题材非常广泛，不过或许是因为当时举荐的制度、奢侈的生活、厚葬的风气，日月天象及神禽瑞兽慢慢不再处于主要地位，而变成了标榜墓主人生前的地位的图像，例如出行的车马仪仗、幕府官邸、墓主夫妇并坐宴饮、观赏乐府节目等。除此之外，还有圣贤、孝子、义士等历史故事画。

比较知名的东汉壁画要数内蒙古和林格尔墓壁画，出自1972年发掘的内蒙古和林格尔东汉墓，主要内容是描绘死者的仕途经历及其生前的享乐生活。现存画面50多组，面积超过100平方米。墓壁绘有城池、府邸、庄园、楼阁等各种建筑。画中有宏伟壮丽的城池幕府，有各种展现技能的歌舞百戏，有农人耕种、放牧的田园风光，有繁忙丰盛的酒席宴饮，还有从“举孝廉”一直到“使持节护乌桓校尉”的车马仪仗，可以看出墓主人的官宦生涯。

汉代墓室壁画的主要绘画工具是毛笔，使用的色调多为朱、绿、黄、橙、紫等，因为是矿物质颜料，所以壁画的颜色经久不褪，一般直至发掘出来还都非常鲜艳。汉代的墓室壁画，在构图上，摆脱了春秋晚期以来生硬的横向排列的方式，开始注意比例、透视；在造型上，继承了春秋晚期以来在写实的基础上加以夸张的手法；在绘画技巧上，发展了战国至西汉早期的先用墨线勾勒轮廓，再平涂上色的手法；在人物塑造上也有了进一步的发展，有的洒脱，有的细腻，描绘得十分传神。汉代壁画在幅面上比以往大，说明汉画讲究气势的抒发。

【图5】 西汉墓壁画《二桃杀三士》（局部）

菩萨的微笑——石窟壁画

魏晋南北朝时期的壁画以洞窟壁画见长，主要分布于新疆地区和甘肃地区。

新疆在古代一直是东西方文化的交流地。吐鲁番——古代的高昌国，库车——古代的龟兹国，都曾是佛教中心，是印度佛教传入中国的必经之路。随着佛教的发展，佛教美术也传入了中国，并在新疆形成了独特的美术风格。

据统计，新疆天山以南的石窟，现存的有 600 窟以上，其中拜城的克孜尔千佛洞石窟具有较高的地位。克孜尔千佛洞石窟开凿于 3 世纪，在 8 到 9 世纪逐渐停建，是我国最具异域风情的石窟群。克孜尔千佛洞大致分为三个时期，汉魏、西晋南北朝和隋唐。现存的壁画有 1 万多平方米，题材以本生故事、因缘故事、大型连续的佛传故事为主。其中第 17 窟有“故事画之冠”之称，其四壁、窟顶、甬道、龛楣，到处是色彩艳丽的壁画，窟顶绘有菱形方格，菱格中画着各种各样的故事。

克孜尔千佛洞壁画，在线条的勾勒和细节的着色上用了烘染法；起稿的时候，用的不是黑色的墨，而是褐色的颜料；山的表现手法和皴法很像。第 69 窟还用了风格独特的“湿画法”，用这种方法作画的时候，画者不会先在泥壁上涂一层白粉，而是直接画，既用起到覆盖作用的矿物颜料，又用透明颜料。这样的画作，能看到水分在底壁上的晕染。

从新疆地区残存的早期壁画中，明显能看到印度、阿富汗、巴基斯坦佛教的影子，但在此之外，我们还能看到中国画家对外来艺术的吸收，以及在吸收过程中与本地民俗的融合。

敦煌莫高窟位于甘肃敦煌市东南的鸣沙山与三危山之间的坡地上，是我国古代美术的重要宝藏之一。根据《李怀让重修莫高窟碑》的记载，莫高窟始建于苻秦建元二年（366），初创者是乐僔和尚。之后莫高窟在十六国、北魏、西魏、北周、隋、唐等历代都有修建，为现今保留了一千多年的绘画资料。莫高窟从北到南长约 1.5 千米。其中北朝时期开凿的洞窟共有 36 个，年代最早的是第 268 窟、第 272 窟。壁画内容有佛像、佛经故事、神怪、供

【图6】　《鹿王本生故事图》

养人（指因为信奉某种宗教而为宗教提供金钱、物品以及劳动的虔诚的信徒）等。

莫高窟前期壁画带着明显的西域佛教的特色，壁画底色多为土红色，上面敷着青、绿、赭、白等颜色，色调浓重热烈，线条浑厚，人物形象挺拔。西魏以后壁画开始呈现出中原的风貌，多以白色为底色，色调雅致，给人一种洒脱的感觉。

北魏、西魏时期的莫高窟壁画在题材上以佛、菩萨为主，多是一些本生故事。本生故事以表现舍己为人为题材，在北魏佛教壁画和浮雕中十分流行，例如《尸毗王本生故事图》、《鹿王本生故事图》(图6）等。

在《尸毗王本生故事图》中，尸毗王垂着一条腿坐着，边上的侍从用刀在他腿上割肉；另一个侍从拿着天平，天平的一端，一只鸽子安静地趴在那儿。从这幅画中我们只能看到故事的一部分内容。

和《尸毗王本生故事图》不同，《鹿王本生故事图》是一个情节连续的故事图。故事中，一只美丽的九色鹿王（还有一种说法是佛的前身）在江边游戏时救了一个将要溺死的人。被救的溺水者说愿意做鹿王的仆人，以报答鹿王的恩德。鹿王说："以后别人抓捕我时，你不要说见过我，就是对我的报答了。"这时，一个国王的王后恰巧梦见鹿王，想要鹿王的皮做衣裳，鹿王的角做耳环。国王在王后的苦苦哀求下，下旨悬赏求鹿。那个被救的落水者听说有好处，便带人去抓鹿王。他的忘恩负义的行为立刻得了报应：身上开始长癞，口中出现恶臭。鹿王把自己救助落水者的经过告诉了国王，国王深受感动，放了鹿王。王后听说后，心碎而死。整个故事体现了善恶报应的思想。

早期佛教画中的人物形象，有着各种各样的动态。因为人物形象大多为裸体，所以使古代画家能够进一步掌握人体构造以及人在不同的动作中衣褶的变化。另外，绘画中表现立体感的晕染画法，也有助于古代画家对体积的认识，从而提高画家运用线描的能力以及着色的能力。

本生故事

本生故事又叫“本生图”，是以绘画或浮雕形式表现佛本生，即佛家所说的释迦牟尼成佛前在前世中无数次修行转世的故事。依据佛教灵魂不灭、因果报应、轮回转世的教义，像释迦牟尼这样的圣人在修道成佛之前一定经过无数次的善行转世，无私奉献，历经磨难，最后才能修行成佛。本生故事大多是以古代印度、东南亚诸国优美的神话、童话、民间故事为底本的。

【图7】 曾侯乙墓二十八星宿天文图像衣箱

红与黑的碰撞——漆画

先秦漆画

中国现存的最早的漆器，是1978年在浙江河姆渡遗址第三文化层出土的一件被漆成朱红色的漆碗。由这件漆器可知，中国早在7000年前就已经开始用漆做涂料了。《韩非子·十过》中曾说四千多年前舜、禹在位时，因使用髹漆（把漆涂在器物上）木器，而引起天下诸侯的不满。

从众多出土文物可以看出，到了商周时期，漆绘已经达到了很高的水平。陕西茹家庄西周墓出土木棺的黑褐色的漆皮上，绘有大量云纹。从岐山贺家村周墓出土的漆器残片上，可以看到用朱黑色漆彩画的几何化的动物纹。

春秋战国是中国漆画发展的重要阶段。人们逐渐发现漆器具有轻便、坚固以及耐酸、耐热、防腐等众多优点，于是开始大量使用漆器，而漆器上面的装饰绘画自然也得到了快速发展。

由于漆树的生长地是南方，所以漆器在南方发展得快，楚国更是其中的佼佼者。在已经发掘的数千座楚墓中，出土了大量的漆绘木器。

1986年，湖北荆门包山2号楚墓出土了一件楚漆奁，上面绘有人物出行场面。这个漆奁是我国，也是当今世界最早、保存最完好的一幅漆画。整幅画高5.2厘米，长87.4厘米，画面以黑漆为底，用了朱红、翠绿、熟褐、白、黄等多种颜色，以平涂、线描、勾点结合的方法，描绘了楚人迎接宾客时的场面。由于这幅画没有任何神秘、礼教色彩，表现的全是世俗生活，所以常被人认为是中国早期的风俗画。另外，画面构图混合表现了时间和空间。全幅图以五棵随风摇摆的柳树为间隔，分别描绘出行、会合、交谈等情节，一面互相独立，一面又互相呼应，构成了一个完整的时间序列。与此同时，这幅画还通过将远处的人物稍稍抬高的方法，使画面产生了一定的空间感。

1978 年 5 月，湖北随州曾侯乙墓中挖掘出了大量的战国漆器。内棺两侧描绘了方相氏带领神兽驱疫的傩仪图，并画了众多鬼怪。内棺上的漆画基本对称，画面用整齐的方框分割成各相对独立部分，内容神秘诡异，以蛇形为主要装饰图案。

此外，曾侯乙墓中出土的漆木衣箱盖上的漆绘图样也十分丰富，有的画的是后羿射日等神话故事，有的画的是二十八宿（图 7）和青龙、白虎等形象。

值得一提的是，同墓出土的木盒漆画《乐舞图》在笔法上粗细不一，有的平涂，有的只画了轮廓，相比于内棺漆画，看起来更加率意洒脱。这些奇异的人和动物混合的形象与棺上画的形象，有着非常大的差异，应该是巫师的娱神之作。

汉代漆画

汉代是我国漆器制造业发展的鼎盛时期。由于漆器制品易于保存，汉代漆器业又十分昌盛，所以汉代留下来的漆画作品十分丰富。汉代漆画按照其艺术特征、表现形式等因素，一般可分为西汉初期、西汉中晚期和东汉三个时期。

西汉初期的漆画有很多形状各异的变形云气纹、几何纹、龙凤纹，以及人纹、动物纹，构图虽然繁杂，但并不凌乱，采用的是单线勾勒和平涂互相结合的手法，笔势灵活多变，以湖南长沙马王堆出土的彩绘漆棺为代表。

上：【图 8】　黑底彩绘漆棺局部
下：【图 9】　朱底彩绘漆棺局部

这具彩绘漆棺分为四层，用梓属木材制作，内壁均髹朱漆，外表则各不相同，而最精美的要数第二层和第三层。第二层为黑底彩绘漆棺（图 8），上面绘有气势磅礴的云气纹。云气纹中有 90 多个形态各异、生动多变的仙人和禽兽彩绘。那些仙人有的挥动长袖，翩翩起舞；有的满弦将射，而被射物则翘尾回首，惊恐奔逃；有的托腮而坐，若有所思……凡此种种，形态匀称，活泼生动，具有强烈的感情色彩和运动感，形成了具有丰富想象力的画面和富有音乐感的、瑰丽多彩的艺术风格。漆棺上画着象征天体的云气，表达希望死者随云气飞升的愿望。这种表现，与当时的升天思想有关。第三层为朱底彩绘漆棺（图 9），外表绘有朱雀、龙、虎和仙人等祥瑞图像。棺木的头挡板处中部画着一座高山，山体两侧各有一只昂首跳跃的鹿，四周画着云气纹；足挡板上画着眼圆齿利、看起来十分凶猛的双龙；左侧板中部画着一座朱色高山，高山两端，一端是黑色巨龙，一端是斑纹猛虎；右侧板上满是繁杂的勾连云纹。

西汉中晚期漆画在数量与质量方面都比不上前期。这一时期的漆画多为展现现实生活的题材，例如乐舞、杂技、出行等。东汉时期，漆器的发展继续呈现衰落趋势，乐浪郡（今朝鲜平壤）出土的漆器中，最能代表东汉后期漆绘人物的工艺品就是竹编彩箧。漆箧上的孝子故事和玳瑁（一种有机宝石）小盒上画的羽人，都是当时流行的题材。这些漆画形象简朴、神态各异，油彩也调配得非常好。

漆器的颜色

生漆是从漆树上采割的一种乳白色液体，接触空气会因氧化转为棕红色，厚重一些就会接近黑色，这就是“漆黑”一词的由来。而漆器上的红色，是用天然矿石硫化汞和漆调制而成的，不仅颜色鲜艳，而且不会褪色。所以漆器主要由红与黑两种颜色组成。

画在布上的画——帛画

战国帛画

截至目前，战国时期的帛画一共发现了三件，分别是《龙凤人物图》、《人物御龙图》(图10)和《楚帛书》。

1949年，考古工作者在湖南长沙陈家大山的战国楚墓中发掘出了帛画《龙凤人物图》。这幅帛画距今大概2300多年，平纹绢质地，画高约28厘米，宽约20厘米。图中的女子梳着发髻，杨柳细腰，身着长裙，侧身朝左站着。女子两手向前上方伸出，作合掌状。在妇人头部的左上角，画了一条龙和一只凤。龙、凤在古代有引道升天的意思，这在屈原的诗中也有反映。这幅画画的是楚人当时的一种习俗，表达的是巫女在为墓中的死者祈福。因此有人认为图中的妇人是“巫祝”，不过也有人认为是墓主。

这幅画主要用墨线勾勒，造型简练明快。在人物的嘴唇、衣袖上，还可以看见起装饰作用的红色。这幅画虽然线条显出早期绘画的稚拙，但从中也可以看到在战国时代，中国画以线造型的独特风格就已经形成了，并且在用笔和设色上也积累了相当多的经验。不过，这幅画在人物面部刻画上还比较粗略，带有一定的装饰意味，显露出早期绘画的稚气。

1973年5月，《人物御龙图》在长沙子弹库战国楚墓出土。《人物御龙

【图 10】 《人物御龙图》

图》的创作时间比《人物龙凤图》要稍晚一些，大约在战国中晚期。《人物御龙图》是细绢质地，长方形，高 37.5 厘米，宽 28 厘米。画的正中是一个身穿长袍、留着胡须、侧身站立的男子。男子腰挂长剑，手执缰绳，驾驭着一条巨龙。巨龙的头高高昂起，龙尾上翘，龙身平伏，看起来就像一只弯舟。在巨龙的尾部站着一只圆眼、长喙、昂首向天的鹭鸟。画的左下角还有一条鲤鱼。面中人、龙、鱼都朝左，可知行进的方向是左。这幅帛画表现的是死者乘龙升天。相传龙是“鳞虫之长”，在古代的神话中，提到乘龙飞升情节的有很多。帛画描绘御龙，当然是希望死者的灵魂能够升天。

《人物御龙图》人物神情刻画生动，线条刚柔并济，在设色上，兼用了平涂和渲染，龙、鹭以及舆盖等地方还加了金、白粉。迄今为止，在所有发现的古代绘画作品中，《人物御龙图》是最早使用这种画法的。可以说在两千多年前，我国就已经有了工笔重彩画。

《楚帛书》据说是 1942 年 9 月在长沙子弹库战国楚墓盗掘出来的。这幅画现在已经流传到了国外。帛书呈方形，长 38.7 厘米，宽 47 厘米。中间写有墨书，某些断片中也有朱书，笔迹工整匀称；帛书四周画着 12 个模样怪异的月神像，每边绘 3 个，有的有脚没头，有的人面兽身，有的人面鸟身。此外，还有双角、三头、衔蛇、鸟身等神像。每个神像旁边配有一段文字，写着各月的宜忌；帛书四角分别用青、赤、白、黑四种颜色画着树枝状的植物。这种随葬的帛书，可能是为死者“镇邪”用的。

这 3 幅来自先秦的帛画，都是用墨线勾画的，由此可以证明，我国传统绘画在技法上是以线条为基础的。这几幅帛画与近年来发现的战国漆器、陶器上的彩绘，都有同时代的艺术特色，作者都是民间画工。

【图 11】 T型非衣

卷轴画

卷轴画是画在绢或纸上的绘画，为中国所独有。卷轴画分为卷与轴两种装裱方式。卷，即长卷、手卷，适用于横幅画的装裱，主要由天头、引首、画心和尾纸等四部分组成；轴，即立轴，战国、汉代的帛画都属于立轴，方便悬挂和收起。可见早在战国时，中国画的装裱形式就已经确立。

汉代非衣

汉代的帛画作品很多，不过丝帛物品不易保存，能历经千年、留存到现在的非常少。

非衣是古代出殡用的一种旌幡，是当时墓葬仪式的一部分。这类祈求死者升天的帛画在当时已经有了基本的格式，例如都是从上到下分别画着天上、人间、地府三段：天上要画日、月、升龙，中间画双龙穿壁，地上要画地祇托地等，不但内容一致，连各部分的安排也都一样。不过因为死者在性别、身份等方面存在差异，在细节上也会稍有不同。

目前重要的发现有长沙马王堆 1 号墓葬出土的 T 型非衣（图 11）。T 型非衣原本放在辛追的棺木上面。非衣所描绘的世界，充满神话想象，反映了当时人们的信仰、对宇宙的解释。非衣从上到下分别画着天上、人间、地府。天上为横幅，人间和地府是竖幅。天界有扶桑树、九个太阳、新月、嫦娥，以及象征长寿的蟾蜍、白兔。日、月之间有一个人首蛇身的形象，应该是人类的创造者和守护者女娲。此外还有阙门及守门人（帝阍）等。在天、地之间，画的是轪侯妻缓缓升天的画面。人间上层部分，画着一个衣着华丽，手扶拐杖的老妇人，这个妇人虽然步履蹒跚，但看起来雍容华贵，应该是墓主人。老妇身后并排站着三个侍女，身前是两个举案跪迎的侍女，由此可以看出老妇高贵的地位。人间下层部分描绘的是厨房的情景，有厨师、一些食物和器皿。地下部分画的是怪兽及龙、蛇、大鱼等水族动物，实际上是表示海底的“水府”，或名为“黄泉”“九泉”的阴间。游动于全画上下的龙蛇，将三部分联系成一个整体，空隙间还补充了鱼、龟、飞禽、猛兽等形象。对于这幅帛画的含义，一般认为是“引魂升天”，但也有人认为是“招魂以复魄”，使死者安土。

这幅非衣以线描为基，敷以浓彩，在红白的基调外，夹杂着青蓝，璀璨夺目。在造型上既写实又夸张，且富有装饰特色。在肖像的刻画上，仍沿袭战国帛画侧影式，虽然简略朴拙，但动作神态生动。

素纱禅衣

马王堆汉墓位于湖南长沙，是西汉初期长沙王丞相利苍及其家属的墓葬，为世界十大古墓稀世珍宝之一。该墓葬出土了丝织品、帛书、帛画、中草药等遗物3000余件，还有世界上保存最好的湿尸——辛追。在辛追的陪葬品中，堪称国宝的要数直裾素纱禅衣。这件禅衣由精缫的蚕丝织造，以单经单纬丝交织的方孔平纹而成，通身重量仅49克，可谓轻若烟雾，薄如蝉翼，证明在西汉初期，我国的养蚕、缫丝、织造工艺已经达到了非常高的水平。

刻在石头上的绘画——画像石和画像砖

画像石的气魄

画像石是雕刻着不同画面，用于构筑墓室、石棺或者石窟等建筑的石材，萌发于西汉，兴盛于东汉。汉代画像石，在绘画技法上较为稚拙凝重，只看重形体的大致勾勒，却不注意对细节的刻画。在风格上，平实自然、质朴粗犷；在构图上，独立、简单，黑白分明，装饰味道极浓。汉代画像石所表现的内容极为广泛，从女娲、伏羲、龙飞、凤舞这样的神话题材到忠臣、孝子、斗鸡、舞剑这样的现实题材应有尽有。从这些内容中可以看出汉人安居乐业、其乐融融的社会景象和大汉“气魄深沉宏伟”的社会风貌。画像石涉及的地区十分广泛，山东遗存最多，其中最值得一提的就是嘉祥武氏祠画像石和沂南墓画像石。

武氏祠位于山东嘉祥县纸纺镇武翟山村北，是汉代祠堂和墓地，全石结构，始建于东汉桓帝、灵帝时期。武氏祠共有四个石室：武梁祠（图 12）、武荣祠、武斑祠和武开明祠。祠内遍刻画像，东西中三壁上部罗列 40 多个历史故事，从伏羲到夏商等朝代的帝王，还有蔺相如、荆轲等忠臣义士，闵子骞、老莱子、丁兰、梁高行等孝子贤妇。三壁下部是祠主的车马出行、家居、庖厨等画像。东西壁顶端刻着东王公、西王母等仙灵故事，在那些仙灵故事

【图 12】　武梁祠画像石拓片

中，还有神鼎、黄龙、比翼鸟、比肩兽等各种祥瑞图像。《庖厨图》细致刻画了杀鸡、宰牛、烹饪的画面。在厨房中还能看到悬挂着的鲞鱼、酱鸭，放在架子上的牛头和牛腿，有的画面还能看到鼎下熊熊的烈火，鼎上蒸腾的热气。

沂南画像石墓位于山东中部地区，分为前、中、后三主室，共有42块画像石，73幅画像，分布在墓门和前、中、后三室的横额、过梁、柱、藻井、隔墙等处，总面积442平方米。

沂南画像石分为四组，墓门上描绘的是墓主生前带兵打仗的场景（图13），前室描绘的是墓主身后的哀荣，中室描绘的是墓主生前安逸的生活，后室描绘的是墓主人夫妇生前的生活。沂南画像石在大场面的处理上十分出色，把众多的人物、器具、建筑物紧密地结合在一起，有动有静，构成的画面丰满而生动。如墓中室的《百戏图》，各组技戏虽然是平列的，但主次鲜明得当，最突出的焦点是戏竿、伐鼓、乐队和戏车的画面，四周交杂着飞剑、跳丸、七盘舞、走绳等画面，里面还穿插点缀着小队奏乐和送酒浆的人，在一个横而长的布局中，完成了对“百戏”这一热闹场面的刻画。

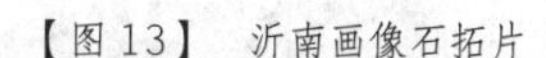
【图13】　沂南画像石拓片

【图 14】 《弋射收获图》画像砖

画像砖的动感美

画像砖是模印或捺印出来的有图画的砖，兴起于秦代，发展到东汉时进入了鼎盛期。东汉时期的画像砖，具有突出的时代特征和典型意义。虽然不同地区的画像砖有着不同的风格，但整体来说，都是以大轮廓、大动作来表现强烈的气势，形成紧张的动感，从而构成了秦汉画像砖所特有的动感美、豪放美。

秦代的画像砖分为大型空心砖和实心扁方砖两类，主要发现于陕西临潼、凤翔和咸阳。秦代画像砖多用于装饰宫殿府舍等地上建筑，画面以写实为主要手法，同时兼顾情绪的表达，通常画满全砖，不留余裕。秦代的画像砖发展了线条的表现魅力，丰富了线条的表现技法，能让线条自如地表现速度和力度，使得秦代绘画在气势上更有表现力。

汉代画像砖是一种表面有模印、彩绘或雕刻图像的建筑用砖。在题材上，涉及汉代政治、经济、文化、民俗等各个方面，对研究汉代历史帮助极大。汉画像砖多数以模印为主，雕刻的很少；在雕刻的同时，还保留彩绘的更加少见，以绘画为主的大型空心汉画像砖就已经是国宝级的了。汉代画像砖主要分布在河南、四川等地。

河南出土的多是西汉和东汉早期的作品，多为空心画像砖，上面的花纹除几何纹外，还有人物、鸟兽、树木等图像。东汉中期以后，画像砖兴盛的中心地区主要在南阳，在这一地区，既有空心砖，又有实心砖。在题材上，和当地的画像石类似，多为对现实的描绘，如河南南阳新野出土的《迎客拜谒图》《兽斗图》等。《兽斗图》画像砖，画的是一头牛和一头老虎朝一头熊扑抓过去的场面。牛低着头，扬着蹄，用双角猛力向前冲刺；虎扬着头，张牙舞爪地冲向熊；熊站在中间，它的旁边还有一只振翅欲飞的鸟雀，让紧张的争斗场面显得趣味十足。

相比于其他省份，四川成都一带出土的东汉后期画像砖一般为实心砖，内容丰富，刻画细腻，是镶嵌于墓壁间、装饰壁画用的。四川一带的画像砖和河南一带的画像砖截然不同。河南一带画像砖上的图像要经过多次模印，而四川画像砖上的图案是在砖成型的过程中一次模印到砖上的。

四川画像砖在题材上很有特点，所描绘的画面大部分都是现实生活，如表现墓主生前社会地位的车马出行、待客迎谒、门阙仪卫、宴饮歌舞、六博、讲学等场面，也有些展现封建庄园经济生产活动的画面。如成都扬子山汉墓出土的《弋射收获图》画像砖（图 14），长 458 厘米、高 40 厘米、厚 5.2 厘米。画面分上下两层，上层是弋射场面：荷花池边的枯树下，两个人正在拉弓射箭。左侧的射者仰身向后，右肘着地，看起来正在用力拉弓。右侧的射手坐在地上向远处瞄准。从画面上可以看到人沉着的神态和弹力十足的肌肉，给人一种蓄势待发的紧张感觉。下层是收获场面：左边的两个人正拿着镰刀收割稻子，在两个人后边的三个人在拾稻捆束，再后边是一个手提竹篮、肩挑稻束过来送饭的人。画面生动地再现了蜀地收获季节的繁忙景象。整个画面上下虽然是两种活动，却构成了一个有机的整体。上层弋射的枯树、莲蓬，暗示我们这时是深秋时节，正和下层收割的画面相呼应，整幅画洋溢着亲切而浓郁的生活情趣。

画像石和画像砖

画像石和画像砖的区别主要体现在原料材质、图案风格、雕刻技法上。画像石的原料一般为青色的石灰石或者红砂石，雕刻线纹后将空白处磨掉一层，使图案凸出。而画像砖则要制作砖坯和印模，趁着砖体未干时，将图案印上去，所以更多是浅浮雕的风格样式。这些画像石和画像砖的图案被人们拓印在纸上，也被称为“汉画”。

汉代墨迹——木板画和木简画

木板画和木简画，顾名思义，是画在木板、木简上的画。甘肃省北部额济纳河流域古称“居延”，因气候干燥，保存在这里的木板画和木简画最多，且大部分是西汉时期的作品。其中最著名的有《人马图》《白虎图》《车马出行图》。

《人马图》出土于居延肩水金关（今金塔县城东北 152 千米的黑河东岸），高 20 厘米，宽 25 厘米，由两块木板组成。在画中可以看见一棵大树，一匹黑色的马系在树下，马后站着执鞭人，树上落着鸟，远处似乎还站着两个人。这幅画画风古朴，技法稚拙。马先用墨线勾勒出轮廓，再用枯墨干笔填充马身，整个画面都是用墨描绘出来的，颇有写意的意思。

《白虎图》出土于居延破城子（今内蒙古额济纳旗南 24 千米），高 6.6 厘米，宽 9 厘米，图中画着一只长着双翼，向前飞奔的白虎。这幅画勾线细劲，笔触富于变化。这种造型在汉代肖像印中十分常见。

《车马出行图》也出土于居延破城子，画高 3 厘米，宽 13.2 厘米，可惜已经十分残破了。只能看出四匹黑色的马，骑在上面的是人，穿着红色或黑色的袍子。整幅画运笔流畅，画面比金关的《人马图》要生动得多。

江苏邗江的木板画有两幅，出土于江苏扬州胡场汉墓，一幅是《人物图》，一幅是《墓主人生活图》，都是西汉中晚期作品。《人物图》长 47 厘米，宽 28 厘米。图中绘有四个人，上面两个是文官，身穿长袍拱手而立；下面两个是武士，一个双手持矛倚肩，一个身穿黑衣，腰挎佩剑。这幅画线条流畅，色彩鲜明，人物刻画得精准生动，看起来和居延木板画略有不同。《墓主人生活图》长47厘米，宽44厘米。图画上方有四个人，左边是坐在榻上、身材高大的墓主，右边是三个或站或跪、拱手施礼的下属。图画的下方是宴乐场面，有人跳舞，有人伴奏，边上还有观赏宴会的宾客，也都各具情态。整个画面主题突出，疏密有致。

除木板画外，在甘肃额济纳河东岸还发现了一幅木简画。木简长17厘米，宽3厘米。木简两面都有图，一面是《佩剑武士图》：上方是一个头上戴着冠帽，留着短须，一身长袍，腰挂长剑，侧身站立的官吏，一匹马站在官吏的下方。另一面是《拱手官吏图》：上方画的那个人侧面，留着短须，一身长袍，脚踏黑靴；下方的那个人戴着头巾，拱手而立。整幅画以墨线勾勒，简略稚拙，风格和金关《人马图》相似。

国画

"国画"一词起源于汉代，当时人们认为中国是居天地之中者，谓之中国，而中国的绘画就是"中国画"，简称"国画"。

国画按题材分，主要有人物、山水、花鸟三大类，分别探讨中国人所关心的三个哲学命题：人与人的关系、人与自然的关系，以及大自然的各种生命。国画按技法分，主要有工笔画和写意画两种。

文人当画家——六朝“三杰”

“痴黠各半”顾恺之

顾恺之是东晋最出色的画家之一。他多才多艺、才气纵横，诗赋、书法都十分出众。顾恺之最精通的是绘画，特别擅长画人像、佛像、禽兽、山水等。东晋著名的政治家、军事家谢安，十分欣赏顾恺之的绘画才能，称他为“苍生以来，未之有也”。顾恺之的为人，据说是“痴黠各半”“率直通脱”。他曾经把自己的作品装在柜子里放在好友桓玄那儿，结果桓玄把柜子从后面挖开，把所有的画都偷走了。顾恺之知道后惊喜地说：“妙画通灵，变化而去，亦犹人之登仙。”

顾恺之的画作很多，其中《女史箴图》（图 15）和《洛神赋图》（图 16）最为有名。

晋初惠帝时期，贾后专权。文人张华便写了十二段《女史箴》，讲解宫中妇人要遵守礼教规范。顾恺之依照张华的《女史箴》画出的《女史箴图》，当然也有劝诫之意。《女史箴图》现有两个绢本，一本是唐摹本，现存九段，画得“笔彩生动，髭发秀润”，具有很强的艺术性。另一本是南宋摹本，现藏于故宫博物院，与唐摹相比，南宋摹本艺术性较差，在体现顾恺之的画风与《女史箴图》原貌等方面不如前者，但比唐代摹本多出樊姬、卫女两段，也有

上：【图 15】 ［东晋］顾恺之《女史箴图》（唐摹本，局部）

下：【图 16】 ［东晋］顾恺之《洛神赋图》（宋摹本，局部）

一定的研究价值。

《洛神赋图》是顾恺之根据曹植著名的诗作《洛神赋》所画的。顾恺之《洛神赋图》的真迹已经失传，现在我们只能看到宋摹本，它在一定程度上保留了顾恺之的某些艺术特点。《洛神赋图》分为三个部分，细致有序地描绘了曹植与洛神真挚纯洁的爱情故事。画卷中，山川景物描绘得极美，有很强的空间感。人物安排疏密得宜，采用连环画的形式，使曹植和洛神随着环境的变化重复出现，人物在不同时空的交替、重叠十分自然。原赋中对洛神的描写，“翩若惊鸿，婉若游龙”“皎若太阳升朝霞”等，以及对人物关系的描写，在画中都有生动的体现。

顾恺之也具有极高的艺术理论修养，张彦远在《历代名画记》中记载了顾恺之的三篇绘画论著：《魏晋胜流画赞》《论画》《画云台山记》，其核心部分主要有：传神论、以形写神、迁想妙得等。“传神”即重视精神面貌的表现。在顾恺之看来，“手挥五弦”虽然难于掌握，但难不过“目送飞鸿”的精神状态和内心活动的表达。顾恺之在《论画》中明确提出“以形写神”的概念，并主张最后要达到形神兼备的境界。顾恺之说：“凡画，人最难，次山水，次狗马，台榭一定器耳，难成而易好，不待迁想妙得也。”“迁想”是画家在观察对象的过程中，揣摩、体会、形成构思的过程，即想象的过程。“妙得”就是巧妙地把握对象的内在本质。这些论点可以说是“谢赫六法论”的先驱，很大程度地影响了中国画的创作和绘画思想的发展。

六法论

南朝齐的画家谢赫写了中国最早的绘画论著《古画品录》，他在书中总结出了创作和品鉴中国绘画的六种方法，即气韵生动、骨法用笔、应物象形、随类赋彩、经营位置和传移摹写。从此，六法论成为中国绘画的最重要的美学标准和原则之一。

“以书入画”陆探微

陆探微是南朝宋明帝时的宫廷画师，他将东汉张芝的草书体运用到绘画中，是中国画史上以书法入画的创始人。陆探微学东晋顾恺之，擅长人物肖像以及佛教画，对蝉、雀、马等形象也很擅长。

陆探微在绘画上极善于吸取前人长处，融会贯通之后，形成自己的风格。张彦远在《历代名画记》卷二《论顾陆张吴用笔》中记载：“昔张芝学崔瑗、杜度草书之法，因而变之，以成今草书之体势，一笔而成，气脉通连，隔行不断，惟王子敬明其深旨，故行首之字往往继其前行，世上谓之一笔书。其后陆探微亦作一笔画，连绵不断，故知书画用笔同法。”

陆探微的画，笔迹周密，笔势连绵，整幅画一气呵成，人称“密体”。他的画风在艺术上表现为笔迹劲利，讲求“骨感”，人说“顾得其神”“陆得其骨”，正是指陆探微画中的线条有力度之美，体现出来的气质有刚性之美。陆探微的这种画风和当时以清秀、瘦削为美的“秀骨清像”的审美风尚有很大的关系。陆探微用笔刚劲有力、追逐内在精神。唐代书法家张怀瓘对此十分推崇，评价说：“陆公参灵酌妙，动与神会，笔迹劲利，如锥刀矣。秀骨清像，似觉生动，令人懔懔若对神明，虽妙极象中，而思不融乎墨外。”对于这点，谢赫也十分赞同，他在《古画品录》中说陆探微的画：“穷理尽性，事绝言象，包前孕后，古今独立，非复激扬所能称赞。”所谓“穷理尽性，事绝言象”，说的是能穷尽对象的内在精神气质，而不只停留在表面的描摹刻画上。因此，谢赫将陆探微放于“上上品之外，第一品第一人”的高度。

陆探微的佛像造型，甚至改变了汉魏以来传统的丰满肥厚的造型方式，形成一种新的“宽衣博带、秀骨清像”类型，如魏晋名士一般的时代风格。而且这种风格还逐渐北移，慢慢地影响了北方的佛像造型。北魏孝文帝施行汉化政策，并迁都洛阳后，北朝贵族彻底接受汉化。以陆探微等人为代表的、流行在南方的审美风尚，直接影响了北方正在大规模进行的佛教造像。“秀骨清像”的“龙门风格”逐渐取代了丰满肥厚的“云冈模式”，干净、精巧、纤细，整个画面给人一种迎风前行的感觉。在对中国绘画所造成的影响上，能与之比肩的人寥寥无几。

陆探微的画作，唐代的张彦远在《历代名画记》中记载了70多件，可惜今天已经很难见到真迹了。南京西善桥南朝墓出土的壁画《竹林七贤与荣启期》，是唯一可证实的陆探微的绘画摹本。

“画龙点睛”张僧繇

张僧繇，南朝梁时期的画家，是六朝最有影响的大画家之一。

张僧繇有很强的写实能力，他的画里，中外各种人物的相貌、服装，都很真实。梁武帝曾让他为分封在各地的诸王子画像，画成后，有人评价说“对之如面”。

张僧繇在作画上十分勤勉，被形容为“手不释笔，俾夜作昼，未曾倦怠，数纪之内，无须臾之闲”。他的作品题材很广，人物、山水、禽兽，无一不画。此外，张僧繇还会塑像，是个多才多艺的美术家。在张僧繇的所有画作中，佛像最多。据《宣和画谱》《历代名画记》《贞观公私画史》等书记载，张僧繇的作品有《五星二十八宿神形图》(图17)、《汉武射蛟图》、《摩纳仙人图》、《行道天王图》等。可惜张僧繇的绘画真迹并没有流传下来，只剩下一幅唐代梁令瓒临摹的《五星二十八宿神形图》，现存于日本大阪市立美术馆。梁令瓒以细画见长，虽然不能将张僧繇的绘画特征全部体现出来，但还是保留了原作的部分特点。

在人物造型上，张怀瓘评价张僧繇、陆探微、顾恺之三人，说“张得其肉，陆得其骨，顾得其神”。顾恺之的画“传神写照，正在阿堵中”，陆探微的画“秀骨清像”，而张僧繇的画“天女宫女，面短而艳”，人物形体丰腴艳丽，这种形象的出现与整个社会审美风尚转变密切相关。在笔法上，顾恺之、陆探微是“密体”，线条连绵循环；张僧繇是“疏体”，有“点、曳、斫、拂”

【图 17】　［南朝梁］张僧繇《五星二十八宿神形图》（唐梁令瓒摹本，局部）

几种笔法。

除此之外，张僧繇还吸收了天竺国（今印度）绘画上的“晕染法”。他在金陵（今南京）一乘寺的寺门上用这种画法画“凹凸花”，画出来的图形极富立体感，“远望眼晕如凹凸，就视乃平”。人们感觉十分惊奇，便把这座寺庙改名为“凹凸寺”。这种画法在当时极为少见。

历朝历代的画者都对张僧繇评价很高，唐人张彦远在《历代名画记》中说：“张僧繇点曳斫拂，依卫夫人笔阵图，一点一画别是一巧，钩戟利剑，森森然，又知书画用笔同矣。”宋代陈师道说：“阎立本观张僧繇江陵画壁曰：‘虚得名尔。’再往曰：‘犹近代名手也。’三往于是寝食其下，数日而后去。”

画龙点睛

传说当年张僧繇在金陵安乐寺墙壁上画了四条龙，但没有画眼睛。别人问他原因，他说：“点了眼睛，龙就飞走了。”大家觉得很荒诞，让他一定把眼睛画上。张僧繇就点了其中一条龙的眼睛。不一会儿，雷电交加，画了眼睛的龙飞上天去，墙面上只剩三条没被点上眼睛的龙。这就是成语“画龙点睛”的由来。

第二章

从丰乳肥臀到阿弥陀佛

（581—960年）

随着大唐盛世的到来，中国绘画达到了第一个巅峰，人物画继续领跑，帝王和仕女是其不变的主题。山水画、花鸟画也独立出来自成一体。壁画艺术达到极盛。

【图 18】 ［隋］展子虔《游春图》

从青山绿水到水墨山水

“青绿山水之祖”展子虔

展子虔是现在唯一有画迹可考的隋代著名画家。他天资聪颖，多才多艺，画山水、人物、花鸟、楼台、鞍马无所不能，还在扬州、长安、洛阳等多地寺庙绘制壁画，足迹遍及大江南北。

展子虔画技精湛，常以“描法甚细，随以色晕开”的手法入画。他画人物以细致之笔勾画，用色晕染人物面部，使人看起来表情逼真、精神饱满。元代汤垕称赞他“可为唐画之祖”。展子虔画马时，不光形似，更能抓住马的神态，把马站立、走卧、跳跃、驰骋等一系列动作与神情相互结合，描绘得淋漓尽致，惟妙惟肖。他画的山水意境深邃而悠远，更被评价为“远近之势尤工，故咫尺有千里趣”。

《游春图》（图 18）是展子虔著名的作品之一，是其艺术手法的具体表现。该画以贵族游春为主题，表现了江山大川的无限秀美与贵族生活的闲情逸趣。全图以鸟瞰的方式展开描绘，将山川的连绵起伏、地域的辽阔美丽、堤岸的深远悠长、水岸的波光粼粼、密林的郁郁葱葱尽收眼底，贵族、侍女们在这里尽情地骑马、戏水，欢声笑语充斥着整个山林。如此多娇的风光怎能不令人流连忘返！画家构图均匀平衡，用细笔勾画山峦树石，线条纤细而没有皴笔，显得朴拙而真切。人物同样用细笔勾勒，神形兼备，神采奕奕。山水用线柔美流畅，有浑然一体的感觉。这幅画在设色上也很有特点，山水用青绿、人物用粉来点染，松树直接用深绿代表松针，充分展示出我国早期山水“青绿重彩，工细巧整”的特征，极富装饰韵味。《游春图》也因此成为中国绘画历史上“青绿山水”的开端，成为诸多唐宋画家效仿与追随的楷模，展子虔也因此被誉为“青绿山水之祖”。宋代书法家黄庭坚称赞说：“常恐花飞蝴蝶散，明窗一日百回看。”

展子虔一生创作出丰富的作品，除了《游春图》，还有《王世充像》《授经图》《长安车马人物图》《按鹰图》《人骑图》《人马图》等流传于世。

绘画界的“将相和”

展子虔久负盛名，看过其作品的人无不点头称赞。常听赞美之词的展子虔有些自负，看不起其他画家，其中包括董伯仁。其实，董伯仁画的人物和马与展子虔画的不相上下，而他画的南方风景，特别是台阁，更是略胜一筹。董伯仁听说展子虔瞧不起自己，就淡淡地说展子虔只能画些北方的秃山恶水罢了，根本画不出江南的秀丽风光。展子虔起初听到这些话十分生气，但是，当他拿出董的作品与自己的放在一起仔细对比，也不得不承认自己的画确实有很多不足之处，于是，他登门拜访董伯仁，表示要向其学习。董伯仁深受感动，从此，二人相互借鉴，取长补短，不但相互促进了绘画技术，还建立起深厚的友谊。

金碧山水李思训

李思训是陇西成纪（今甘肃秦安）人，唐高宗时为江都令，唐中宗神龙初年出任宗正卿、历官益州长史，唐玄宗开元初年曾任左武卫大将军。李思训战功显赫，画技出众，据张彦远《历代名画记》记载，李思训“早已称艺于当时”，因此有“大李将军”的称谓。

李思训擅作山水、楼阁、佛道、花木、鸟兽，尤以山水画最为出色。他在继承隋代展子虔“青绿山水”的基础上学习与发展，并自成一家，开创了“金碧山水”的先河。“金碧山水”使用了泥金、石青和石绿三种颜料，比“青绿山水”多了泥金一色，所以看起来金碧辉煌，极富装饰韵味。

李思训画风工整巧密，笔锋细腻入微，下笔灵活流畅，能随着山水的曲折多变勾画出丘壑的变化。所画作品线条刚健、色彩富丽，尽显豪华大气。张彦远说李思训画的山水“笔格遒劲，湍濑潺湲，云霞缥缈，时睹神仙之事，窅然岩岭之幽”。

《宣和书谱》记载了李思训的作品共 17 幅，仅《江帆楼阁图》(图 19）和《九成宫纨扇图》流传至今。

《江帆楼阁图》现于台北故宫博物院收藏。该图从俯瞰的视角进行创作，描绘了山林树石掩映下的浩渺江水。近处江面波光粼粼，远处江水愈见渺茫。一叶渔舟轻轻划过，还有两叶渐渐远行。图下方是岸边风光。岸上山峰叠起，密林交错，一排亭台楼阁掩映其中，极为秀美。整幅画面共有七人，一人在廊内，二人在坡岸观赏风景，还有四人沿着山路走来，其中骑马者是主人，其余的都是仆人，他们簇拥在主人身边，挑担、拿物，各尽其职。该图在设色上沿用人物画的重彩法。用石绿色渲染石面，用厚重的绿色画松针。亭台楼阁与辽阔无边的江河相互映衬，再加上轻舟、帆影的细微点缀，整幅作品既把山河的广阔突显出来，又给人留下一种空旷寂静的感觉。人物勾画工整细腻，行为神态恰到好处。树的枝、干、叶采用工整的双勾填色法，山石无明显的皴笔，墨线转折处用金粉勾画，色彩对比强烈，显示出金碧山水的磅

【图 19】 ［唐］李思训《江帆楼阁图》（局部）

礴气势。唐玄宗说："李思训数月之功，吴道子一日之迹，皆极尽其妙处。"

李思训在绘画创作上成就斐然，给儿子李昭道也带来很大影响。李昭道继承了李思训金碧山水的风格，并将这一特点发扬光大。张彦远说："变父之势，妙又过之。"证明"小李将军"的画胜过他的父亲。明代王世贞说："山水至二李一变也。"

"山水画之祖"王维

王维是盛唐时期的著名诗人，有"诗佛"之称。他不但诗词出众，也颇具绘画天赋。苏轼说"味摩诘之诗，诗中有画，观摩诘之画，画中有诗"。王维能把诗句中的优美巧妙地融合于笔墨之中，意境淡雅抒情，以画配诗，用诗解画，成功抒发出画作的优美意境。

王维是历史上首位采用"泼墨"技法的画家。他用画笔蘸好墨汁先大片大片地洒在纸上，再画出物体的形象。这是一种写意的画法，用笔不讲究工细，注重神态的表现和情绪的抒发，作品看起来多了些真实，少了些虚华。王维开创了唐代水墨山水画，从此这种写意的水墨画逐渐代替了色彩浓厚的青绿山水画。

王维的山水画在绘画理论家们的眼中享有很高声誉。《历代名画记》说王维"工画山水，体涉古今"，《唐朝名画录》说王维"画《辋川图》(图 20)，山谷郁盘，云水飞动，意出尘外，怪生笔端"。《旧唐书》本传也称赞他的画"如山水平远，云峰石色，绝迹天机，非绘者之所及"。

王维精通佛学，深受禅宗理念影响，董其昌称他为"南宗画"之祖，说他"始用渲淡，一变钩斫之法"。王维在作画时常把佛学思想融入其中，作品《辋川图》就是其用佛学思想创作的，表现出一种超凡脱俗的意境。

辋川位于蓝田县中南部，那里风光秀美，成为众多文人墨客向往的地方。王维于 40 岁的时候迁至辋川，开始了隐居山林的生活。画面中的辋川山清水

【图 20】 ［唐］王维《辋川图》（局部）

秀，群山四处环绕，树林相互交错，掩映着楼台庭院。河水从周围潺潺流过，小船在水面轻轻划行。整个画面风景优美，意境深邃，充分表现出王维心境淡泊、无欲无求，只想过一种与世隔绝、悠然自得的生活的情怀。该画设色明亮，用线挺劲，山石无皴笔，楼台似界画，令观赏者看后也立感身心愉悦、轻松自在。元代汤垕在《画鉴》中说王维画的《辋川图》"世之最著也"。

《辋川图》共描绘了20处景物，王维为每处景物题诗一首，共20首汇集成《辋川集》，其中一首《鹿柴》(柴读 zhài，通"寨"，指用树木围成的栅栏。"鹿柴"是王维辋川别墅之一，原址位于今陕西省蓝田县西南)，直到今日还为人们所熟知，每次读来脑海中都能呈现出一片美景。

王维的山水作品吸收了多方面的精华，在手法上接近李思训。《墨缘汇观》说"王维《山居图》，青绿山水"，设色"重深"，"界画纤细，类李将军一派"。而郭若虚则用"水墨类王维，著色如李思训"来评价董源之作，说明王维和李思训的画还是有不同之处的。王维还非常崇尚吴道子的画风，"画山水树石，纵似吴生"。但王维也有其独特风格，他作画有两种表现手法，一种笔墨委婉华丽，另一种笔墨圆润流畅。

荆关山水

荆浩和关仝为五代山水画代表人物，两人均属北方画派。他们既有传承关系，又各自特色显著，因此二人在绘画史上被称为"荆关山水"。

荆浩，沁水（今属山西）人，五代后梁画家。他出身于士大夫之家，博学多才，善于写作。后梁时期战事爆发，他为避难隐居于太行山洪谷，自号"洪谷子"。他擅画山水，作画非常勤奋，常带纸笔到山中摹写，作画之前，先一遍一遍仔细观察，把山的不同样貌都用画稿记录下来，回家后再进行创作。所作云中山顶，展示出巍巍山峦的雄伟气势。他常说"吴道子画山水，有笔而无墨，项容有墨而无笔"，而他认为自己既学得吴道子用笔，又习得项

【图21】 ［五代］关仝《关山行旅图》（局部）

容用墨，可谓笔墨兼备。

荆浩通过“远取其势，近取其质”的方式，创作出气势磅礴的山水作品。米芾说其所画山水“云中山顶，四面峻厚”。他的作品《匡庐图》正是这种山体厚重大气之感的体现。《匡庐图》中的山水已不同于隋唐时期的青绿山水，隋唐代山水画多用线条勾画山的轮廓，而五代山水除勾勒山石轮廓外，还用阴影强调纹理的粗糙，显出山石的庞大。该画采用全景构图，有咫尺千里之感，达到他所提倡的“气质俱盛”之标准。

除画山水外，荆浩还著有一本山水理论书籍《笔记法》。该书提出“搜妙创真”“图真”“六要”等观点，为中国山水画家的学习提供了一定的理论依据。

荆浩的山水绘画吸引了众多追随者，关仝就是其中之一，也是五代山水画中最具代表性的人物之一。

关仝，长安（今陕西西安）人，五代后梁画家。他自幼热爱绘画，为把画画好，每天刻苦钻研，甚至达到废寝忘食的地步，最后终于有了自己的独特风格。关仝生在陕西，所画山水多取景于秦岭、华山，表现出关陕一带山川的峰峦险峻和宏伟气势。他画的山水正如北宋米芾所说“工关河之势，峰峦少秀气”。他画树木“有枝无干”，画人物悠闲自若，画台阁古典优雅。整幅山水有一种“坐突巍峰，下瞰穷谷”的感觉。他的现存作品《关山行旅图》（图 21）为绢本水墨画，画中山间云雾缭绕，峰峦峻厚，变化万千，山下的板桥、枯树、村落尽显北方深山老林的僻静寒冷。这种景物浑然一体的感觉，给人一种很强的艺术感染力。关仝的山水画早已突破荆浩山水的格局，因此有“关家山水”之称。

“褪色”的山水画

山水画作为一门独立的画种形成于唐代。魏晋南北朝时，山水还只是人物的背景。隋唐时期的展子虔、李思训突破了“人大于山”“水不容泛”的桎梏，创造了“青绿山水”，建立起了中国山水画的初步结构，也为中国山水画赋予了更为广阔的哲学意义，使其内涵与立意完全不同于西方“风景画”。王维开创了写意水墨画，五代的荆浩、关仝等人，又将山水画从色彩绚烂的盛唐气象带入意境淡远的水墨境界。从此，“水与墨的交响”成为中国山水画的主流。

【图22】　［唐］阎立本《步辇图》

奉旨作画

善画帝王的阎立本

阎立本出生于绘画世家。受家族艺术氛围的熏陶，阎立本很早就在绘画上显山露水。他还效命于朝廷，先后担任将作大臣、工部尚书，官至右相等职，有“右相驰誉丹青”的美誉。

阎立本先传承家学，后拜张僧繇、郑法士等人为师。起初他对张僧繇的画法难以理解，经过多日研究与观察，被其作品深深吸引。他常站在画前流连忘返，不愿离去，日积月累，也形成了自己的特色。

阎立本善画人物、车马、台阁，画肖像与历史人物更是出众。他下笔细腻，线条刚劲，人物外形刻画入微，神态栩栩如生，被人称为“神品”。在其众多作品中，《历代帝王图卷》保存最为完整。

《历代帝王图卷》记录了汉昭帝刘弗陵、汉光武帝刘秀等13个帝王的肖像。阎立本秉着遵从历史的原则，亲眼所见必细心描绘，而对年代较为久远者，他也要通过各种渠道对其做一番详尽了解后才下笔。由于每位帝王的生活环境、所处年代以及性格不同，流露出的外貌神情也就不同，如魏文帝曹丕见多识广、才艺兼备；北周武帝宇文邕性情粗暴，能力与谋略令人敬仰；隋文帝杨坚虽外表平和，但内心多谋，猜忌心强；隋炀帝杨广外表英俊，内心浮夸等。阎立本通过细心勾画，精心设色，把他们的肖像精准形象地呈现在画纸上，就连眉宇和嘴角间流露出的一丝神情，都捕捉得极其到位。

《步辇图》(图22)是阎立本另一幅优秀作品，描绘了贞观十五年唐太宗李世民接见吐蕃使者禄东赞的情景。全图以唐太宗的形象为焦点，着重突出其俊朗的外貌、眉宇间流露出的神情以及端庄沉稳的形象。作者在布局上精心安排，把宫女排放在四周，她们身材娇小，与唐太宗的高大形象形成对比。再看吐蕃使者禄东赞谦虚恭敬的神情，更能衬托出太宗的威严、谦和。整幅画构图疏密有致，节奏鲜明，成功展现了一代君王的卓越风姿。

除《历代帝王图卷》和《步辇图》外，阎立本还创作了许多反映唐代政治风貌的作品，如反映唐代与边远民族友好的《职贡图》《西域图》《外国图》，以及赞美大臣魏徵敢于直谏的《魏徵进谏图》等。

阎立本在绘画艺术上精心研究，潜心创作，作品既延续了南北朝特色，又有自己的独特画风，后人对其“丹青神化”“天下取则”的评价是十分到位的。

“吴带当风”吴道子

吴道子是阳翟（今河南禹州）人。他曾向张旭、贺知章学习书法，但未见成效，之后便改为绘画，在历史上有“画圣”的美誉。

吴道子颇具绘画天分，相传他年少时曾跟柏林寺内的一名老和尚学习绘画。老和尚很想在后殿空白的墙壁上画一幅《江海奔腾图》，但尝试多次都不能把水浪画逼真。于是他就决定带吴道子周游全国有江河湖海的地方。每到一处，老和尚就让吴道子画水。起初吴道子没有耐心，后来师傅以身作则，吴道子被他的精神深深感染，无论刮风下雨，都要到海边画水。三年过后，吴道子把水画得惟妙惟肖。为帮师傅完成心愿，他独自一人承担起绘制《江海奔腾图》的重任。整整九个月时间，吴道子概不出门，终于完成了气势磅礴的作品。那逼真的程度令众和尚看见，以为天河开口，吓得争着逃命。老

【图23】 ［唐］吴道子《送子天王图》（北宋摹本，局部）

和尚对吴道子如此精湛的画技赞不绝口。

该故事的真实性虽已无从考证，但吴道子勤奋向学的态度却是不争的事实。他一点一滴地积累，由浅入深地学习，为其后来的绘画道路奠定了坚实的基础。他的声誉也很快在京城传播开来。唐玄宗得知此人画技高超，便召他入宫，授以官职俸禄。此后，吴道子结束了东奔西走的生活，在长安定居下来。

他入宫后，常随玄宗皇帝到各地视察。一次到洛阳，偶遇善舞剑的裴旻将军。裴将军想花重金请吴道子在天宫寺作壁画，以纪念其已逝的父母。吴道子答应了将军的请求，只是婉言拒绝了金钱，而是请将军舞剑一曲当作回报。裴将军舞剑气势壮观，大大激发了吴道子的创作欲望。剑刚一落下，吴道子便奋笔直下，壁画一气呵成。后来，张旭得知是吴道子的作品，还在壁画上题了词，从此洛阳便有了“一日观三绝”的说法。

吴道子作画有其独特的艺术风格，这是一种超凡脱俗的魅力。他画人物时落笔有力，如铁线划过般刚劲，笔法圆转飘逸，使人物衣带有迎风飘扬的感觉。他画的山水，更令人拍手称绝，被陈怀瓘称为：“禽兽山水，台殿草木，皆神妙也，国朝第一。”

吴道子的代表作品有《送子天王图》(图23)、《托塔天王图》、《大护法神像》等，他在卷轴画方面更是成绩斐然，据《宣和画谱》记录，仅宋徽宗赵佶收藏的吴道子之作就达93件，其中《送子天王图》被历代收藏家视为珍宝。

《历代名画记》

《历代名画记》是唐代张彦远创作的中国第一部绘画通史，全书共十卷，不仅为370多名画家作传，还提出了自己对绘画艺术的独到见解，尤其是“书画同源”一说，他认为画画和书法在技法上是相通的，都应该做到“自然、神、妙、精、谨细”。这部书堪称绘画界的百科全书。

上：【图 24】 ［唐］张萱《捣练图》（宋赵佶摹本，局部）

下：【图 25】　［唐］张萱《虢国夫人游春图》（宋赵佶摹本，局部）

从胖美人到小蛮腰

张萱的宫廷仕女画

唐代有许多诗句都与“捣练”有关，张继在《九日巴丘杨公台上宴集》中有一句诗“谁家捣练孤城暮，何处题衣远信回”，表现的是孤城日落下，人们在家捣衣的情景。“捣练”即捣洗、缝衣之意，是古代女性常见的一种劳作。尽管诗中的“捣练”已给我们留下深刻的印象，但要说从直观上把“捣练”渲染得淋漓尽致的，要数唐代画家张萱的《捣练图》(图 24)。

张萱，京兆（今陕西西安）人，开元年间的画官，善画山水风景、花鸟楼阁，尤其以人物最为精妙。无论贵族、仕女还是婴孩，只要从他笔下一出，立刻变得神采奕奕，形象逼真。但遗憾的是，张萱的很多作品早已失传，唯有《捣练图》和《虢国夫人游春图》(图 25）保存至今。

《捣练图》是张萱的代表作品之一，描绘了贵族妇女捣练、缝制的劳动情景。“练”是一种丝织品，刚刚织成时质地坚硬，必须经过沸煮、漂白，再用杵捣，才能变得柔软洁白。画面分为三组，分别描绘了捣练、织线、熨烫这三种工序的劳动场面。整个画面构图疏密有致，每个人物的动作、神情各不相同，有的挽袖，有的缝衣，有的扯线，有的遮面，通过一些细小神情的流露，显示出古代妇女在劳动时的认真态度以及充满情趣的日常生活。

《虢国夫人游春图》记录了杨贵妃的姐姐虢国夫人与韩国夫人共同出游的情景。图中前后三骑均为仆人、婢女，中间并排的两骑为韩国夫人和虢国夫人。她们骑马前行，观赏风景，整个画面轻松愉悦。作者构图疏密有致，前三骑稀疏，后五骑紧凑，层次分明。该图以“游春”命题，但并未实写春天的景象，旨在突出虢国夫人的气势，这是作品的独到之处。

作者用线细腻流畅，衣纹勾画轻薄飘逸，加上鲜艳明亮的色彩，把贵妇们优雅的体态与富丽典雅的着装表现得恰到好处。该图并没有对虢国夫人的神情着重刻画，而是通过众人对她谦卑顺从的态度，反映出她的威仪气势。

作为宫廷画家的张萱，人物多以帝王、后妃为题材，除了《虢国夫人游春图》，还有描绘杨玉环姐妹的《虢国夫人夜游图》《虢国夫人踏青图》，描绘唐玄宗李隆基的《明皇纳凉图》《明皇击梧桐图》《明皇斗鸡射鸟图》，以及《贵公子夜游图》《宫中七夕乞巧图》《望月图》等。

虢国夫人

张萱能一口气为虢国夫人画三幅画，是因为虢国夫人在唐玄宗时代具有非常显赫的地位。张祜在《集灵台》中记录了虢国夫人日常出行的盛况：“虢国夫人承主恩，平明骑马入宫门。却嫌脂粉污颜色，淡扫蛾眉朝至尊。”可见其气势无与伦比，这归根结底与杨贵妃的受宠有关。唐玄宗宠爱杨贵妃，不但封她的哥哥杨国忠为宰相，还赐她的几个姐姐以秦国夫人、虢国夫人和韩国夫人的称号。其中以虢国夫人风头最盛，因此成为众多文人、画家描绘的题材。

【图26】 ［唐］周昉《挥扇仕女图》（局部）

周昉的浓妆仕女

周昉出身于官僚家庭，曾任越州长史、宣州长史别驾等职。由于经常出入皇宫，与宫中官员来往频繁，所以经常见到贵而美的妇人。他的作品也大多以体态丰腴、浓妆艳抹的贵妇为题材。据史料记载，仅宋徽宗收藏的周昉的 72 幅作品中，仕女图就占了一半之多。

《挥扇仕女图》（图 26）是周昉描绘仕女的代表作品之一。该图记录了宫廷贵妇在炎炎夏日，挥扇、纳凉、端琴、观绣、梳妆等一系列日常生活场景。画面共有十三人，其中九人为贵妇，两人为奴婢，还有两名内监。这些人物呈现出各种姿态，有的稍作休息，有的对视交谈，有的绣花，还有的扇扇子。尽管宫中生活形式多种多样，但她们个个都眉头紧锁。这些仕女体态丰腴，衣着华丽，与内心的忧伤形成鲜明对比，充分暴露宫中生活的沉闷无聊与寂寞难耐。

周昉画的仕女取法于张萱，二人画风颇为类似。据唐代张彦远《历代名画记》记载：周昉“初效张萱，后则小异”，因为他们的绘画手法太过相似，以至于别人要根据仕女耳根处的不同来判断到底是谁的作品。如果耳根没有点朱色，则代表这是周昉的作品。

如果说周昉的仕女图与张萱的相似，那么他画的“水月观音”绝对属于个人首创。“水月观音”描绘了一尊观音在水畔月下的端庄体态。这件作品一经问世，便受各界好评，很多画工纷纷效仿，就连雕塑工匠也视“水月观音”为参照物，至今在敦煌莫高窟五代画像中仍可见到“水月观音”的壁画。

周昉还擅画肖像。据说他与韩幹同为郭子仪的女婿赵纵画肖像，众人观看后皆难区分二人高低，直到郭子仪的女儿来到，亲自观赏一番后便说：“二者皆似，后画者为佳。”她认为韩幹仅真实记录了赵纵的外貌，而周昉却能“兼移其神气，得赵郎情性笑言之姿尔”，水平较高。

周昉一生因画收获很多赞誉，正如诗人杜牧《屏风绝句》中描绘的：“屏风周昉画纤腰，岁久丹青色半销。”而他的画也成为后人学习的楷模。

【图 27】 ［五代］周文矩《宫中图》（局部）

周文矩的清瘦仕女

周文矩，句容（今属江苏）人。他活动于南唐元宗、后主时期，任画院待诏，善画人物、车马、礼服、仕女等。他画的仕女风格与周昉接近，所画仕女面部造型都能体现出“闺阁之态”，但周文矩下笔纤细、瘦挺，设色无浓艳，“镂金佩玉以饰为工”，衣纹处多用“战笔”，这些描法都是异于周昉的。

张丑在《清河书画舫》中说，周文矩“行笔瘦硬战掣”，是从后主李煜“瘦弱而风神有余”的画风中得来的。周文矩作画善于创新，画的人物生动有趣。他曾尝试在兜率宫（坐落于仙岩极顶之上）内作《慈氏像》。图画中的原型为印度男像，周文矩认为那只是国外的画法。于是他结合了中国人的审美眼光，以现实人物为依据，把男像改为“丰肌秀骨”“明眸善睐”的中国女性。他还曾绘制了《高僧试笔图》，据元代汤垕记载：“一僧攘臂挥笔，旁观数士人咨嗟啧啧之态，如闻有声”，可见周文矩的妙笔极具传神。周文矩还善画宫廷生活，现存作品有《宫中图》(图 27）和《重屏会棋图》等。

《宫中图》传为宋代摹本。该图共分 12 段，描绘了宫廷妇女的日常生活，内容包括弹琴奏乐、梳妆打扮、梳洗照镜、孩童嬉戏、观画弄鸟等。图中共描绘了 80 位人物，她们的神情或平静安详，或闷闷不乐，或惊慌，或恭敬。作者驾驭大场面的能力相当强，人物被安排得错落有致，三人一群，五人一组，井然有序。图中有一宫女侧身站立，腰间插一支玉笛，眼睛望向手指，表现出演奏之后一副若有所思的神情。这些细致入微的神态刻画，充分显示出宫廷女性的情感状态。周文矩若不曾细致地观察宫中生活，怎能把人物的造型之柔美、心态之复杂一一呈现出来？这确实令人赞叹。

周文矩作画还善于把握人物的性格特征，以达到神形兼备的效果。故宫博物院收藏的《重屏会棋图》即是这种特点的具体体现。《重屏会棋图》共描绘五人，“一人并榻坐稍偏左向者，太北晋王景遂”，“二人别榻隅坐对弈者，齐王景达，江王景逿”，坐在中间稍右者为中主李璟，他凝神观看兄弟下围棋时，显示出一种思考的神态，十分生动形象。作者用线遒劲曲折，有颤抖之势，与“战笔”法极为一致。该图之所以用“重屏”二字命名，是因为画面里，中主背后树立一个屏风，屏风上面除画有五人外，还有一个山水屏风，可谓屏风之中又见屏风。

周文矩还擅长画婴儿，是中国最早以描绘儿童为主的画家。他把日常生活中的儿童描绘得生动有趣，其作品《婴戏图》留下了许多婴儿天真无邪、活泼可爱的面容。苏汉臣、李嵩等画家都乐于揣摩周文矩的婴儿画风，从而创作出了《婴戏图》和《货郎图》。

【图28】 ［五代］顾闳中《韩熙载夜宴图》（局部）

顾闳中的《韩熙载夜宴图》

顾闳中，江南人，五代南唐著名画家，南唐画院待诏，他的特点是笔锋圆劲，设色艳丽，刻画人物神情细致。这些特点在其唯一传世的作品《韩熙载夜宴图》(图 28) 中被体现得淋漓尽致。

据《南唐书》记载，《韩熙载夜宴图》中的主人公韩熙载原为北方贵族，因战事来到南唐，起初满怀抱负，因为没受到重用而失望沮丧，后来后主李煜想册封他为宰相，但韩熙载看到南唐令人悲观的局势，早已没有为官之意。他说：中原早想收复南唐，“一旦真主出，江南弃甲不暇”，我不想被千古耻笑。为避免“国家入相之命”，韩熙载常常在家设宴，欢歌起舞，远离政治上的纷争。

如果以此画中韩熙载的作为就判断他是个耽于玩乐的不学无术之人，那就大错特错了。实际上，韩熙载是五代时有名的文学家，他高才博学，又精音律，善书画。其所作制诰典雅，人称“有元和之风”，与徐铉并称“韩徐”。

据《宣和画谱》卷七记载，此画是顾闳中奉李煜之命，与周文矩、高太冲潜入韩熙载的府第，窥其放浪的夜生活，仅凭目识心记所绘。《韩熙载夜宴图》共分为五个段落，每个段落描绘一个夜宴场景，主角均为韩熙载。第一段描绘一个女子坐在旁边手握琵琶弹奏，韩熙载坐在床榻上，与到场宾客一同欣赏美妙乐曲。在座之人除韩熙载外，还有三位客人。大家的目光都投向琵琶弹奏女，姿势、神情各异。第二段描绘韩熙载身穿便服手拿鼓槌，站立在一大鼓前敲打。前方有女子跳舞，四周宾客随着打拍子附和。有个和尚很安静地站在一边，面部表情凝重，也许他为出入此场合而感到尴尬。第三段描绘宾客散去，韩熙载坐回到床榻上，一侍女为他端盆洗手，四周女眷端坐，有说有笑，韩熙载动作迟缓，深入表现了主人公的内心世界。第四段描绘韩熙载盘坐在椅上，听五名女子吹奏笛子，天气似乎很热，韩袒露胸襟，除有女侍侍奉周围外，还要亲手扇扇。第五段描绘了韩熙载拿鼓槌走出来，其他宾客早已流露出喜悦的神情，这似乎又是一场夜宴的开始。

《韩熙载夜宴图》用线细腻，色彩华丽，结构处理别致，设色浓淡变化自然，在细节描写上，如服饰、灯烛、乐器、帐幔等，更是精密细致，整幅画面均显示出顾闳中的高超画艺，也是后人了解中国古代生活细节的经典之作。

仕女画

仕女画是人物画的一个门类。早在战国时仕女画就已经出现，魏晋南北朝时，仕女画有了一定的发展，画中的女性主要是古代贤妇或神话传说中的仙女，其形象往往是飘逸、清瘦的，最有代表性的莫过于顾恺之的《洛神赋图》。到了唐代，仕女画进入了繁荣发展的阶段，描绘的对象变成了贵族妇女。在以胖为美的唐代，仕女画中的美女也胖了起来——脸型圆润饱满、体态丰腴健壮、气质雍容高贵，显示出贵族女性的华贵之美。而到了五代，因为战乱频繁、社会凋敝，女性清瘦的形象再次多了起来，且从此以后直到清代，美人们再也没有“胖起来”。

鸟语花香的花鸟画

画马名家曹霸与韩幹

曹霸与韩幹都因画马而闻名，曹霸善画御马，韩幹善画鞍马，他们把马画得惟妙惟肖，极为传神，被赵子昂称赞：“唐人善画马者众，而曹（霸）、韩（幹）为之最。”

曹霸是沛国谯县(今安徽亳州市)人，三国时魏国高贵乡公曹髦的后代。玄宗开元年间，曹霸因画御马声名远播。他画的马矫健俊美、别具风姿，神形兼备，活灵活现。大诗人杜甫通过《丹青引赠曹将军霸》一诗对曹霸的马进行了高度评价：“先帝天马玉花骢，画工如山貌不同。是日牵来赤墀下，迥立阊阖生长风。诏谓将军拂绢素，意匠惨淡经营中。斯须九重真龙出，一洗万古凡马空。玉花却在御榻上，榻上庭前屹相向。”杜甫还有一首诗《韦讽录事宅观曹将军画马图》，也是夸赞曹霸画技高超的：“内府殷红玛瑙盘，婕妤传诏才人索。盘赐将军拜舞归，轻纨细绮相追飞。”到了晚年，曹霸被免去官职，流落到四川。他的画迹已失传，但画技却传给了最著名的弟子韩幹。

韩幹，唐代杰出画家，京兆（今陕西西安）人，自幼家境贫穷，靠在酒

【图 29】 ［唐］韩幹《牧马图》

店做工谋生。他在学画初期拜陈闳为师，后又师从于曹霸。玄宗时期担任宫廷画家，官至太府寺丞。

韩幹最擅长画鞍马。有人说韩幹画的马多为“肥马”，体形肥大而臃肿。其实当时马厩饲养的名驹，天生体形肥大，油光发亮。而且，韩幹画的马虽体态肥大，但雄壮有力，气势磅礴。据《宣和画谱》记载：“所谓幹唯画肉不画骨者，正以脱落展、郑之外，自成一家之妙也。”

韩幹画骏马之所以形象生动，与他勤于观察的精神是分不开的。唐玄宗年间，韩幹被召为宫廷画师，最常做的事就是临摹。一日他发现只靠临摹的方法无法获得进步，便改为写生。他经常到马厩里观察骏马，为了弄清马的习性甚至搬到马厩居住。为了摸索马的动作规律、研究马的性格特点，他有时耐心观察几个时辰，还把每种马的特点一一记录下来。时间一长，韩幹画马胸有成竹，提起笔来，马的不同样貌、奔跑的姿势、千变万化的动作都如泉涌般出现在纸上，因此他的马被称为“能跑动的马”。

韩幹的主要作品有《姚崇像》《安禄山像》《玄宗试马图》《宁王调马打球图》《龙朔功臣图》等52件。而《牧马图》(图29）是其鞍马画中的代表作。

《牧马图》描绘了一名胡须盘绕的牧马人，身骑一匹白马，手中握着一根黑马的缰绳向前行走。该图用线细致流畅、刚劲有力，既显示出骏马的体态肥硕、英姿雄健，也表现出牧马人的高大威武。黑马身上的朱地花纹马鞍，成功展现出马的气势。作者构图工整严谨，下笔沉着稳重，衣纹勾画均匀，内容形象生动，是难得一见的好画。图的左侧还有宋徽宗赵佶的题词“韩幹真迹，丁亥御笔”等字。

韩幹画马出神入化，受到众人称赞。明代的宗衍在《题韩幹画马图》中说：“唐朝画马谁第一？韩幹妙出曹将军。”

上：【图 30】　［五代］徐熙《雪竹图》（局部）

下：【图 31】　［五代］黄筌《写生珍禽图》（局部）

徐黄异体

五代花鸟画有两大派系，一是以西蜀黄筌为代表的“黄家富贵”派，另一个是以江南徐熙为代表的“徐家野逸”派。徐、黄二人由于处于不同的成长环境，社会地位与生活习惯截然不同，因此也就有着不同的审美情趣。这种以画花鸟为主题，又形成各自独特风格的绘画，被后人称为“徐黄异体”。

徐熙出身于江南名族，一生自认高雅，不肯效命于朝廷。生活悠闲自如的他，经常漫步于田野花圃中，观看各种花草野竹、禽鸟水鱼、瓜果蔬菜、野草药苗等。徐熙善于细心观察，把这些景物的形态特点熟记于心，再创作出生动形象的作品。徐熙善画昆虫、禽鱼、蔬果、花卉，作画时先用墨画花卉的枝叶蕊萼，然后再上色，与唐代“晕淡赋色”之法不同，这是徐熙独创的“落墨”技法。徐铉在《图画见闻志》中称：徐熙的画是“落墨为格，杂彩副之，迹与色不相隐映也”，而徐熙在《翠微堂记》中把这种画法自谓为“落笔之际，未尝以傅色晕淡细碎为功”。

徐熙下笔随意，略施色彩，不会侧重于精细勾画，突破了唐代用细笔渲染奇花异草的形式。宋代沈括在《梦溪笔谈》中形容徐熙“以墨笔为之，殊草草，略施丹粉而已，神气迥出，别有生动之意”。徐熙还常为南唐宫廷画装饰性的物品，如“铺殿花”“装堂花”，被称赞为“双缣幅素上画丛艳叠石，傍出药苗，杂以禽鸟蜂蝉之妙”。南唐归宋后，宋太宗看到徐熙的《石榴图》后，大赞其画“花果之妙，吾独知有熙矣，其余不足观也”，随后他让画院里的画家一一学习，并以此为标准。

徐熙被誉为“江南绝笔”，其绘画作品早已失传，现存的《雪竹图》(图30)、《玉堂富贵图》、《雏鸽药苗图》等相传并非出自本人之手，但后人从中还是能体会到其风格和画法。

黄筌是五代时西蜀画院的宫廷画家，历经前后蜀，入宋后，任太子左赞善大夫。黄筌曾向多个画家拜师学艺，学李昇的山水、薛稷的鹤、孙位的龙水等，之后便“全该六法，远过三师”。他擅画花鸟、人物、山水、鹤龙，各画科皆有所长，是位全能的画家。

黄筌作画深得皇家欣赏，他 17 岁时入西蜀任宫廷画家，长达 40 年，宫殿内墙壁、屏风上的画，大多为黄筌父子所画，他们的画卷还被作为国家政治交往的礼物。黄筌所画宫中珍禽骨肉饱满，神形兼备，其现存作品《写生珍禽图》(图 31) 可体现其在画技上的精湛水平。

《写生珍禽图》描绘了山雀、鹡鸰、麻雀等十多只鸟，还有蜜蜂、蝉、蚱蜢等草虫穿插其中。右下角有两只大小不一的龟，一前一后地爬行着。作者重于写生，用细线勾画出整齐的物体轮廓，再以浅色渲染，把禽鸟的羽翼神态完美呈现出来。作品上虽然没有黄筌的署名，但有“付子居宝习”五字，说明这幅画应该是黄筌为儿子黄居宝学画而创作的。宋代的范镇在《东斋记事》中说：“黄筌、黄居寀，蜀之名画手也，尤能为翎毛。其家多养鹰鹘，观其神俊，故得其妙。”

徐熙常画汀花水鸟，黄筌多写宫中珍禽，“徐熙野逸，黄家富贵”的绘画风格，对后世的花鸟画产生了极大影响。

花鸟画

花鸟画是以花、鸟、虫、鱼、飞禽等动植物形象为描绘对象的一种绘画，是国画三科中的一科。按绘画技法，可分为工笔、写意，以及兼工带写；按水墨色彩，可分为水墨花鸟画、泼墨花鸟画、设色花鸟画、白描花鸟画与没骨花鸟画。

南北朝时，花鸟画出现萌芽。唐代中期以后花鸟画正式独立出来，出现了一大批花鸟画家。进入五代，花鸟画得到了飞跃性的发展，画院这一培养宫廷画家的专门机构出现了，培养出了一大批以黄筌、徐熙为代表的花鸟画大家。黄筌作风艳丽丰满，俗称“黄家富贵”；徐熙意境清淡俊秀，俗称“徐熙野逸”。他们二人奠定了中国花鸟画的基调。

尘世中的阿弥陀佛

在历朝各代的莫高窟艺术中，唐代的莫高窟可谓颇具特点。唐代的宗教艺术达到历史的鼎盛时期，因此在莫高窟上大规模开窟。这个时期唐人深信佛教，很多皇亲贵族都发愿造像祈福，还有一些商人及普通百姓也为祈求平安而发愿造像，因此绘画艺术家们把佛教文明带到莫高窟壁画中。

唐代莫高窟现存壁画和雕塑共计 247 个，占整个莫高窟洞存壁画的二分之一。这些壁画涉及初唐、盛唐、中唐、晚唐四个时期，每个时期在创作上都有不同的风格，可见唐代莫高窟发展的日趋成熟与蓬勃向上。

唐代莫高窟壁画题材分为四类：净土变相、经变故事画、佛菩萨雕像和供养人。

净土变相也称净土图，描述了净土佛菩萨的居住设施。通过亭台楼阁、花鸟树木、七宝莲池等美丽事物的展示，给人呈现出一个美好的极乐世界。佛教有西方净土一说，即人死后可以往生永无痛苦的极乐世界。在这种思想的引导下，唐人更加信奉佛教，并对极乐世界充满了憧憬与向往。净土变相利用建筑物的透视构图原理，造成强烈的空间感，画面异常逼真。

经变故事画的表现力很强，内容丰富有趣。例如描述“孝义品”中的须阇提太子割自己身上的肉孝敬饥饿的父母的画面；“论议品”中鹿母夫人舔了修道仙人洗衣服的水，生了一个美丽的姑娘，这位姑娘后来被修道仙人收养，她到另一位仙人的住处求火种，行七步，步步生莲花；还有“恶友品”中善

【图 32】 唐代敦煌莫高窟壁画

友太子和他的恶友们到海中寻找宝物，却为恶友所害，他在外边流浪，直到被人搭救的故事。这些图画把故事的曲折情节表现得清清楚楚，各种场景也被描述得真实有趣，具有很强的警醒与教育意义。

唐代莫高窟中的佛、菩萨画像（图 32）被视为佛教艺术中的重要创举。相比以往，唐代在莫高窟中增加了更多宗教人物，如天王、金刚、罗汉等。这些人物表情丰富，形态各异，呈现出坐、立、行等不同动作，被刻画得惟妙惟肖。在绘制观音、文殊、普贤等菩萨像时，画家们以唐代贵族妇女为原型，赋予了诸菩萨丰腴柔美的体态，使她们看起来安详平和。菩萨像常用单线勾画，强调身躯的柔软；而天王、金刚们则着重表现男性身材健壮、力量强大的特点，他们被绘制得全身布满筋肉。每一幅画面都设色明亮，富丽典雅，有很强的视觉感。

莫高窟中的供养人像以现实人物为原型，再按照当时的审美特点加工美化。每个时期的供养人像都有不同。

安史之乱后，吐蕃占领河西，统治沙州达 60 多年。莫高窟不但保存完好，还新建多处，如 156 窟的精美壁画《张议潮出行图》，描绘的是敦煌人张议潮乘吐蕃发生内乱之际，率领民众，推翻了吐蕃王朝的统治，并收复了河西十一州。该图结构严谨，有条不紊地刻画了统军出行的骑兵阵容。整个出行图气势威严，场面壮观，既有歌舞相伴，又有列队相随，真实记录了沙州地区最高官员出行的豪华盛况，也赞扬了他为唐代一统天下做出的丰功伟绩。

唐代莫高窟不仅和唐代人的生活息息相关，也与艺术家们的创造与想象力密不可分，它是无数画师巧夺天工的杰作。

【图 33】 永泰公主墓室壁画

皇族的今生与来世

西安是唐代的皇城，是唐代历代帝王和贵族们生活的地方。许多王孙贵族的墓室都修建在西安附近，且墓室均画有精美的壁画，因此陕西是拥有唐代墓室壁画最多的地方。

唐代墓室壁画精美坚固，不易损坏，数目众多，如乾县的永泰公主墓、章怀太子墓等。

永泰公主墓室中的前后四壁及墓道内都有精美的绘画，其中前室的东壁保存较为完整。东壁画作内容多为群像（图 33），右边一壁上画有九人，一人为男侍，手拿包袱，头戴一顶小帽子。其余八名均为女侍，她们上着绸制短衣，下穿红色裙子，发髻都高高盘起，有的拿托盘，有的捧食物，有的握如意，还有的执烛台，面部或神情忧郁，或若有所思，或秀眉紧蹙，把人物内心表现得极其到位。左侧壁画的情节与右侧大同小异，都是描绘男女侍从的绘画。永泰公主的墓室画明显反映出唐代封建王孙贵族们在生活中呼风唤雨的场面。壁画用色干净明亮，勾线润泽有力，把唐代女性的丰满圆润表现出来，是极具代表性的作品。

章怀太子墓室壁画由两个部分组成：墓道壁画和墓室壁画。墓道东西两壁的壁画有《礼宾图》《仪卫图》《狩猎出行图》等。东壁的《狩猎出行图》构图新颖，场景十分壮观显赫，画有骆驼、鹰、犬等动物，还有 50 多位骑马人物。与《狩猎出行图》东西相对的即《马球图》（图 34）。马球是唐代宫廷贵

【图 34】 章怀太子墓壁画《马球图》（局部）

族们常玩的一种体育游戏，画面中有20人骑马追赶马球，他们一手拿鞠杖，一手握缰绳，驰骋于球场之上。《马球图》不仅能用于壁画研究，还是研究古代马球运动的重要资料。

永泰公主与章怀太子

永泰公主名李仙蕙，是唐中宗李显与韦后的女儿，初封永泰郡主，后因私议武则天内帏之事而被杖杀。起初被葬于长安南郊，中宗复位后，追赠李仙蕙为永泰公主，以礼改葬，号墓为陵。她是中国历史上唯一一个坟墓被冠称为“陵”的公主，规格与帝王相当。

章怀太子名李贤，是唐高宗李治和武则天的儿子。他自幼得到良好教育，才思敏捷，“初唐四杰”之一的王勃曾是他的侍读。他曾召集文官注释《后汉书》，史称“章怀注”，具有较高史学价值。在其哥哥李弘死后，曾被立为太子。但在武则天废帝主政后，被酷吏逼令自尽，后被追谥为章怀太子。

第三章

写实与写意，浓妆淡抹总相宜

（960—1279年）

中国绘画在两宋辽金时期放弃了花团锦簇、金碧辉煌的审美喜好，转而亲近自然，既朴素典雅，又富于生活气息。水与墨成为文人画的主角，与画院写实画如两朵并蒂莲，交相辉映。

【图 35】 [北宋]赵佶《听琴图》(局部)

因为画画，丢了江山

宋徽宗赵佶为宋代第八个皇帝。虽然赵佶在治国上昏庸无能，却是位颇具绘画造诣的皇帝。

赵佶善画花鸟，即使宋代的花鸟画早已呈现出昌盛状态，但赵佶还是在此方面颇有成就。他下笔稍显粗犷，并非精谨细腻，却能兼收各派画风，风格呈迥异之势。赵佶还善画人物与山水，根据其临摹的《虢国夫人游春图》《捣练图》以及自创的《听琴图》（图 35）可以看出其深厚的绘画功底。《听琴图》描绘树下一人弹琴，另两人相对端坐，静听琴音的情景。

赵佶虽然很爱作画，但他的很多作品并非亲手创作，而是由画院代笔创作，赵佶只是在画上加押、题名而已，这些画被称为“御题画”。如收藏于故宫博物院的《祥龙石图》《芙蓉锦鸡图》《听琴图》《雪江归棹图》，收藏于辽宁博物馆的《瑞鹤图》，还有收藏于美国大都会博物馆的《翠竹双雀图》等作品，都有争议。只有藏于故宫博物院的《四禽图》和藏于上海博物馆的《柳鸦图》（图 36）被鉴定为他的真迹。这两幅画都是水墨纸本，画法简朴，不加粉饰，流露出自然之感。

赵佶不仅是画画高手，也是一个很有品位的鉴赏家。据《宣和画谱》记载：宣和中期，“筑五岳观宝真宫”，要征集很多绘画高手画障壁。赵佶非常重视画艺，并亲自去画院指点画家创作。关于他重视所画物体形神兼备的程度还有几个小故事。据邓椿在《画继 · 杂说》中记录，徽宗在龙德宫建成后

千字文
天地元黃宇宙洪荒日月
盈昃辰宿列張寒來暑往
秋收冬藏閏餘成歲律呂
調陽雲騰致雨露結爲霜
金生麗水玉出崑岡劍號
巨闕珠稱夜光果珎李柰
菜重芥薑海鹹河淡鱗潛
羽翔龍師火帝鳥官人皇
始制文字乃服衣裳推位
遜國有虞陶唐弔民伐罪
周發商湯坐朝問道垂拱
平章愛育黎首臣伏戎羌
遐邇壹體率賓歸王鳴鳳
在竹白駒食場化被草木
賴及萬方蓋此身髮四大
五常恭惟鞠養豈敢毀傷

上：【图 36】　［北宋］赵佶《柳鸦图》（局部）

下：【图 37】　［北宋］赵佶《楷书千字文》（局部）

便命令待诏去画宫中的屏壁。屏壁一画完，徽宗就去看，他对哪一幅都不满意，“独顾壶中殿前柱廊栱眼斜枝月季花”，并问这是谁画的，大臣们告诉他这是少年进士所为。皇上非常高兴，“褒锡甚宠”，大家都不明原因，就派身边侍从去询问，皇上说：“月季鲜有能画者，盖四时、朝暮，花、蕊、叶皆不同。此作春时日中者，无毫发差，故厚赏之。”

《画继》中还描述了另一则故事：宣和殿前种荔枝树，果树结实，色彩鲜艳，皇上看见十分高兴。有时孔雀也来到树下观赏，皇上立刻召集画家以景作画，大家“各极其思，华彩烂然，但孔雀欲升藤墩，先举右脚，上曰：‘未也。’众史愕然莫测。后数日，再呼问之，不知所对，则降旨曰：‘孔雀升高，必先举左。’众史骇服”。可见赵佶在创作中是非常注重写实的。

瘦金体

宋徽宗不仅善书画，也是书法高手，书法史上极具个性的书体瘦金体就是其独创。瘦金体之所以个性强烈，在于其笔迹瘦劲而不失其肉，其大字尤其风姿绰约。

严格说，“瘦金体第一人”并不是宋徽宗，而是唐代的薛曜。薛曜本师从褚遂良，其字瘦硬有神、用笔细劲、结体疏朗，但较后者险劲，也更纤细。而宋徽宗初习黄庭坚，后又学褚遂良和薛稷、薛曜兄弟，并杂糅各家，取众人所长且独出己意，最终创造出别具一格的“瘦金书”体。

宋徽宗流传下来的瘦金体作品很多，比较有名的有《楷书千字文》（图 37）等。

张择端的《清明上河图》

《清明上河图》（图 38）是北宋画家张择端所绘，描写了北宋清明时节的风俗，被评为中国十大传世名画之一。该画卷纵 24.8 厘米，横 528 厘米，绢本设色，现收藏于北京故宫博物院，被列为国宝级文物。

张择端，字正道，东武（今山东诸城）人，宣和年间任翰林图画院待诏。他擅画林木、人物、楼观、屋宇；描绘桥梁、街道、城郭时刻画细致，形象逼真。

《清明上河图》用长卷形式及全景构图法展开描绘，生动地记录了北宋皇都汴梁清明时期的生活面貌。该画卷长五米以上，内容共分为三个段落：汴京郊区风光、汴河及其两岸风光及城门内外风光。绘了 550 多个人物，50 多头牛、马、驴、骡等牲畜，20 多辆车、轿，20 多艘大小船只，以及多个具有宋代建筑特色的房屋、桥梁、城楼等。这种规模之大，涉及场景、人物之多的绘画，在中国乃至世界绘画史上都是首屈一指的。

《清明上河图》以清明时节人们要扫墓祭拜，还要参加各种集市活动的民间风俗为题材，充分展示了汴梁郊外汴河两岸，以及东角门里市区的自然风光与繁荣景象。作者构图有序，虽景物繁多，但都被富于变化的画面纳入其中。图中所绘房屋桥梁有远近高低之分，植物与牲畜大小不同，内容极为丰富。整幅画面用笔细腻、构图严谨，其磅礴的气势给观赏者带来强大的视觉冲击。

《清明上河图》通过对各个阶层人物活动的描绘，展现出这一历史时期人民的生活状况和社会状态，为人们提供了北宋大都市各行业实际状况的第一手资料。《中国通史（彩图本）》说它“场面巨大，段落分明，结构严密，有条不紊。技法娴熟，用笔细致，线条遒劲，凝重老练。反映了高度精纯的绘画功力和出色的艺术成就”。《简明不列颠百科全书》在介绍张择端时，也对《清明上河图》做出好评，说它“是一幅具有重要历史价值的风俗长卷”“主要表现的是劳动者和小市民”“对人物、建筑物、交通工具、树木、水流之间的相互关系的处理，非常巧妙，整体感很强，具有极大的考史价值。此后历代绘制的都市风俗画，无不受其影响”。

而该画一经出现，就得到了各阶层观赏者的赞赏，很多画家以其为范本纷纷临摹，如元代的赵雍，明代的仇英，清代的陈枚、金昆、程志道等。还有一些画家身在日本、纽约、伦敦等地，也绘制了《清明上河图》的摹本。

《清明上河图》名字的由来

《清明上河图》名字中的“清明”的含义多有争议。绝大多数人认为“清明”指的是清明时节，但有人在仔细观察了画面之后，发现画中的很多植物不是初春时节的样子，而是秋季的，于是提出“清明”是本朝政治清明、人民生活安康的意思。但也有人认为“清明”是地名，据考证，当年北宋都城汴梁，城内外共分一百三十六坊，在东水门地区的一个坊就叫清明坊。

【图 38】　[北宋] 张择端《清明上河图》(局部)

【图 39】 ［北宋］崔白《双喜图》

冷冷的浪漫——崔白

北宋前期，黄筌父子的“黄家富贵”之风吹遍画院，保留了近一世纪之久，直到崔白的出现，这种宫廷花鸟画的标准才得以打破。

崔白，北宋中后期画家，字子西，濠梁（今安徽凤阳东）人，善画花鸟，也精通人物画、山水画，是位多才多艺的画家。尽管他画艺优秀，但在年轻时候不得人赏识。初为民间画工的他，生活多苦难，颠沛流离。1065年相国寺遭雨破坏，崔白参加了这次的壁画重绘，由于画技突出，被召入宫廷画院，然而此时崔白已六十有余。但他性格开朗、才华横溢，因此很受神宗赏识。只有神宗特批御旨，崔白才能作画，其他人一律不得指挥他。

与许多画家钟爱表现春意盎然之花鸟生机勃勃的画风不同，崔白所画花鸟重在表现其在秋冬寒冷萧条中的闲情逸致，如其代表作《双喜图》(图39)、《寒雀图》、《竹鸥图》等。

《双喜图》描绘了一个秋风瑟瑟的旷野上，一只褐黄色的兔子伫立草坡，它略抬前爪，回头张望，仿佛听到什么奇怪的声音。循着兔子的目光，有两只禽鸟在干枯的枝头飞翔，嘴里似乎还发出叽叽喳喳的声音，可能是因为褐兔的出现惊扰了它们，也可能是寒冷的秋风令它们无法忍受。树上枯叶，地下枯草，还有干枯的竹叶都朝一个方向转动，把人引入萧瑟的场景中，令人感受颇深。画面中兔子与鸟的体形都描绘得很细致，这必定是作者久经观察的结果。

崔白敢于推陈出新，开创了宋代宫廷绘画的新局面。他画的山水、人物，绚丽多彩、端庄典雅，他的《杜牧吹箫祝寿图》可谓雅俗共赏之作。图中人物表情不一，神情各异，都被作者描绘得栩栩如生，非常到位，把人物与自然、写实与写意巧妙地融为一体，令人观赏后有身临其境的感觉。

崔白的花鸟画虽打破了以黄家父子为标准的“花鸟画体制”，并另创新风，但人们对他的看法褒贬不一，黄山谷称赞他的画是“崔生丹墨，盗造物机，后有识者，恨不同时”，而米芾却认为崔白的作品“皆能污壁”“不入吾曹议论”。

尽管如此，崔白的画风还是广受欢迎的。和他属于一路风格的，还有他的弟弟崔悫。崔悫喜欢画兔，其优点是“凡造景写物，必放手铺张而为图”。崔白的孙子崔顺之，还有他的徒弟吴元瑜都保持了崔白的作画特色。

做减法，简约不简单

白描大师李公麟

李公麟，字伯时，号龙眠居士，庐州舒城（今安徽桐城）人，北宋著名画家。

出身于书香世家的李公麟，从小受父亲熏陶，在鉴别与收藏古器物方面有丰富的经验。他博学多才，能诗能画，北宋神宗熙宁三年中进士，虽然官至朝奉郎，但仕途之路并不平坦。他于元符三年辞去官职后便隐居于家乡的龙眠山。

李公麟是宋代士大夫中特色突出的画家，他与很多绘画名家，如王安石、苏轼、黄庭坚、米芾等相互切磋画艺，对提高个人的艺术修养有很大帮助。李公麟重视观察，把实际生活与绘画创作相融合，而并非一味地循规蹈矩。他的绘画作品中具有创造性，是真正的“神与万物交，智与百工通”。

他在绘画上造诣颇深，无论人物、释道还是鞍马、山水、花鸟，都样样精通。他把各画家的优势“据为己有”，“更自立意而专为一家，若不蹈袭前人，而实阴法其要”。他画人物时，能根据人物的阶层、民族与生活环境的不同特征塑造出不同的形象。他还打破陈规，勇于创新，作画主张“以立意为先”，所画长带观音、石上卧观音都是前所未有的。他说自己作画就像诗人吟

【图 40】　［北宋］李公麟《五马图》（局部）

诗，“吟咏性情而已”。他的画构思新颖，善于表现自身感受，“自在在心，不在相”。他画的《归去来辞》着重描绘了陶渊明轻松自在的思想境界，而非一般的隐居风光。他画的自在观音跏趺合掌，以一种并非常见的坐姿呈现，但面部仍然流露出安闲自得的神情。

李公麟临摹古画忠实于原作，均采用绢本设色的方式创作。他的作品多用“白描”手法，不着色彩，只用水墨渲染形象。这种画法是在前代“白画”的基础上发展创造而来的，与士大夫的审美情趣极为吻合，既精密严谨，又注重技巧，因此在南宋以后流行开来，李公麟也成为后人学习“白画”的典范，代表作品有《五马图》(图 40)。

《五马图》以白描手法描绘了西域进贡给北宋朝廷的五匹骏马。这些马各由一名奚官牵引。每匹马身后写有名字、年龄、进贡时间、收于何厩等。从五位奚官的装束上看，前三人为西域人，后两人为汉人。他们姿态各异，精神气质略有不同，人物面部刻画虽简单，但眉宇之间流露出的神情能透露他们的内心活动。这几位奚官有的谨慎，有的骄傲，有的年轻气盛，有的饱经风霜。而人物的服饰则是该图线描的精华之处。这些线条流畅圆润而遒劲挺拔，尤其是衣袖弯曲的褶皱之处用线颇多，体现出民族服装的特点，也是画家深厚功底的具体表现。再看这五匹马，体格健壮，性情温顺，看起来训练有素。虽然只是白描勾画，不着色彩，却也显示出马的质感。马的轮廓清晰，毛发顺滑，骨肉丰满，极为传神，被苏轼称赞为："胸中有千驷，不惟画肉兼画骨。"

李公麟在绘画上有如此造诣，与他的勤学苦练是分不开的。他一生作画从未间断，即使生病也不休息。元符三年，他患风湿病，右手疼痛难忍不得握笔，但他仍然坚持练习，用左手在被子上比画用线。家人劝他多休息，他拒绝了，并说："余习未除，不觉至此。"李公麟的这种坚持不懈的精神，为世人树立了好榜样。他的画法，对后世影响很大，南宋贾师古与元代赵孟頫的白描画法，均得益于李公麟。张渥为掌握此技法，一再临摹李公麟的《九歌图》。直至明清时期，李公麟的白描画法仍然是人们习画的榜样。

白画

白画，即白描，是中国画的技法之一，指单用墨色线条勾描形象而不藻修饰与渲染烘托。白画有单勾和复勾两种。单勾指只勾线一次，一般用一种色墨，亦有根据不同对象用浓淡两种墨。复勾则光以淡墨勾成，再根据情况复勾部分或白描作品全部，但非依原路刻板复勾，目的是加重质感和浓淡变化，使物像更具神采。

因白描作品力求单纯，对虚实、疏密关系刻意对比，故而白描有朴素简洁、概括明确的特点，此手法多见于人物画和花鸟画。中国古代有许多白描大师，如顾恺之、李公麟等。

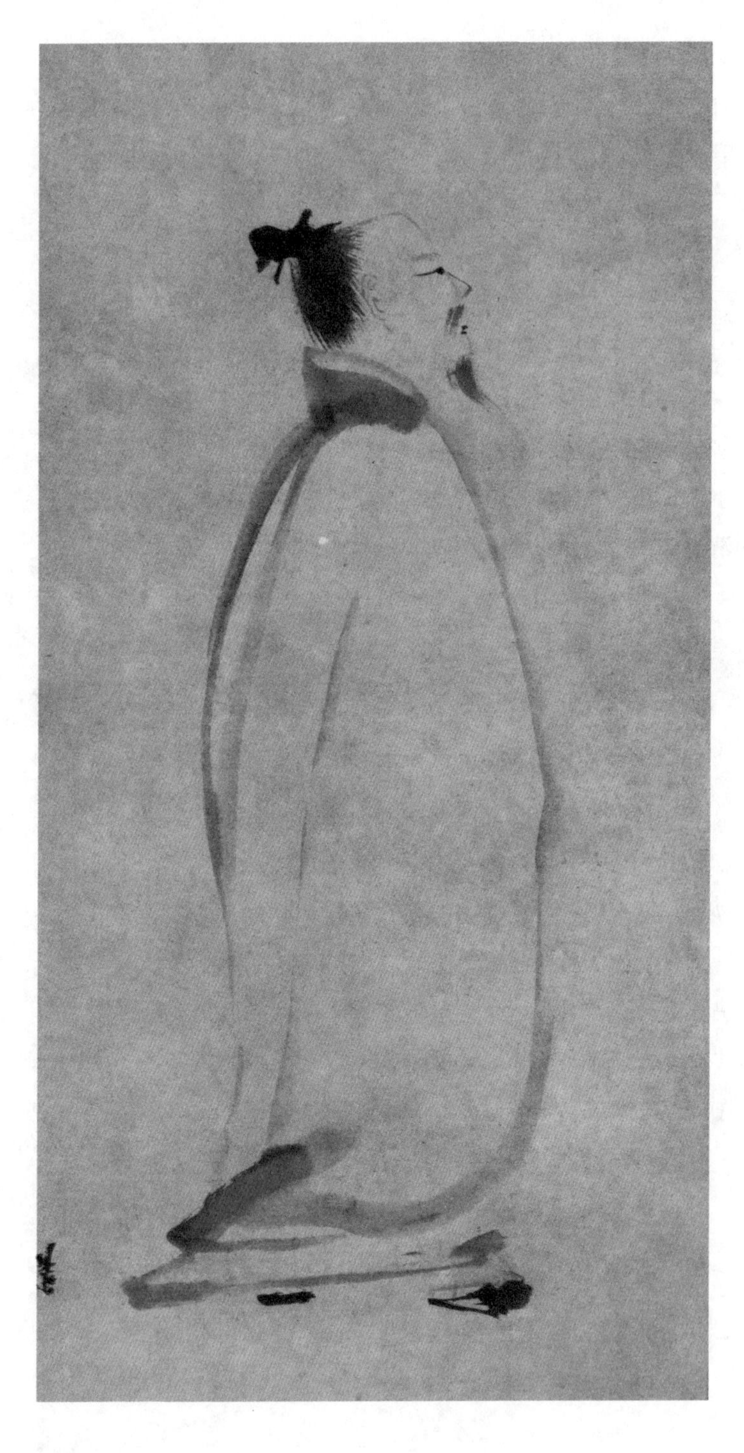

【图41】 ［南宋］梁楷《太白行吟图》

梁楷的减笔画

梁楷，南宋东平（今属山东）人，宁宗嘉泰年间为画院待诏。他生性放纵，不拘小节，因厌恶画院规则，不受皇上“金带”挽留，辞别而去。梁楷爱好饮酒，酒后更显放达，有“梁风子”之称。

梁楷的作品题材以佛道、鬼神和古代名人为主，如《寒山拾得图》《参禅图》《庄生梦蝶》《苏武牧羊》《孔子梦见周公》《羲之观鹅》《渊明像》《莲蓬变相》等几十件，但流传至今的只有十件左右。

梁楷虽然与妙峰、智愚等佛教中人交往密切，但行为与他们不同，属于不拘法度、特立独行的人。他的画简练豪放，就像他的个性一样潇洒率真，如《六祖伐竹图》和《太白行吟图》(图 41)，从下笔处就能体现出他的性格特征。

《太白行吟图》用笔洒脱飘逸，单单一两笔就精准地刻画出诗人的外貌。《六祖伐竹图》画法简练粗率，用线一顿一挫都富有节奏感。通过砍柴、撕经等几个微小的动作，就把惠能和尚“无物于物，故能齐于物；无智于智，故能运于智”的境界表现出来。惠能和尚为唐代高僧禅宗六祖，他强调佛祖自在人心，并非只靠诵经、仪式才能修，劳动就是一种修炼，这就是“绝对精神”，用它来阐述真理，是一种自然的修禅。梁楷本人就推崇“绝对精神”，因此他的画自然而然地就流露出这种心境。

《泼墨仙人图》也是梁楷创作的与佛教禅宗思想有关的作品。这个作品非常有趣，图上画的尽管是仙人，但样貌却不威严。他大大的肚子，头顶微秃，脸部低垂，看起来迷迷糊糊，正蹒跚地迈着步。他的这副模样一看就是酒喝多了，但还是透露出一种可爱的神情。作者用泼墨的手法，随意在纸上描绘，虽然没有清晰工整的线条，但人物形神兼备。

《布袋和尚图》描绘了一个名叫契此的高僧拿着布袋乞讨的画面。他行为疯癫，言行荒诞，只画半身，就表现出了僧人的滑稽形象。《释迦出山图》描绘了释迦身着单衣出现在山野间，他面相严肃，手举在胸前，衣带迎风飘逸。

虽然寒冬已到，树木全部凋零，但他的神情中未体现出一丝寒冷，充分显示出释迦修行的清贫艰苦。该画用笔劲朗严谨，极为传神。《八高僧图卷》共用八段描绘了佛家禅宗的八位高僧，每段都讲述了一个故事情节。作者下笔沉着稳重，山石多用斧劈皴，人物形态各样，动静结合，形象生动地反映出八位高僧的学佛理念。

梁楷师从贾师古，又“青出于蓝而胜于蓝”，既能精细作画，也能运用减笔，开创了减笔人物画的先河。他在南宋画院声望颇高，当时画院的人都赞扬他奇妙的作品。梁楷继承了诗人写意的特点并加以发展，把人物画重在写意的特点提升到一个新高度，使人耳目一新。

法常与水墨花鸟

法常为南宋画家，号牧溪，蜀（今四川）人。他性格直爽，正义爱国，因反对奸相贾似道而遭追捕，就逃到浙江一位姓丘的人家避难。理宗、度宗时期他在杭州的长庆寺剃度出家。

法常擅画龙、虎、猿、鹤、芦雁、山水、树石、人物等，“不曾设色，多用蔗查、草结，又皆随笔点墨而成，意思简当，不费妆缀。松竹梅兰，不具形似，荷鹭芦雁俱有高致”。

法常继承和发扬了石恪、梁楷的水墨画法，墨法运用独特，含蓄而不外露，形象简单，又神态生动，对沈周、徐渭、朱耷、“扬州八怪”等均有影响。但也有人很不看好他的作品。元代夏文彦在《图绘宝鉴》中说他的画意思简单，都是随意点墨画出的，“粗恶无古法，诚非雅玩”。这种说法影响了绘画理论编写者，他们也认为法常的画“诚非雅玩”，这显然是不准确的评价，容易误导他人。沈周为法常的《写生蔬果图》作跋时写道：“不施彩色，任意泼墨，俨然若生，回视黄筌、舜举之流，风斯下矣。”可见其作品还是很不一般的。这幅纸本水墨作品流传至今，现收藏于故宫博物院。

【图 42】　［南宋］法常《鹤图》

还有一幅纸本水墨作品《法常写生卷》，现收藏于台湾。图上画有各种蔬果、花卉、羽毛，还有圆信和尚、查士标等人的题跋，如“笔尖上具眼，流出威音那边，鸟鹊花卉，看者莫作眼见，亦不离眼思之”。项元汴评价说“其状物写生，殆出天巧。不惟肖似形类并得其意”。而查士标则赞美其画“有天然运用之妙，无刻画拘板之劳”。这些赞美之言足以说明法常在艺术上有一定造诣。但法常的作品在国内流传至今的并不多，原因在于法常为僧时与日本派来学佛法的“圣一国师”是同门，圣一学习结束时，把法常的大部分画作带到了日本，有些至今收藏在东京大德寺，如《观音图》、《鹤图》(图42）等。法常的画对日本水墨画的发展产生了影响，被誉为“日本画道的大恩人”。

梅兰竹菊君子画

“竹痴兄弟”文同与苏轼

文同与苏轼是表兄弟，二人年纪虽然相差十几岁，但性情相近，十分投缘，堪称忘年之交。文同非常喜爱竹子，更爱画竹子，苏轼也深受他的影响，以画竹为乐趣，他们两个被称为“竹痴”。

文同，字与可，号笑笑先生。北宋梓州永泰（今四川盐亭东）人，著名画家、诗人。他于宋仁宗皇祐元年中进士，元丰初年赴湖州任太守，世人称他为“文湖州”。他学识渊博，诗文书画样样精通，深得文彦博、司马光等人赞许。文同还善于绘画，尤其在墨竹方面表现突出。

文同开创了墨竹画法的新局面。米芾曾称赞他的墨竹“以墨深为面，淡为背，自与可始也”。其实自唐代开始，画墨竹的名家就不在少数。吴道子曾画竹，萧悦爱画竹，王维因画竹而有“唐人竹品谁第一，精妙独数王摩诘”的赞誉。唐代的壁画以竹为题材的更是数之不尽。到了五代，黄筌、程凝、李坡等高手均爱画竹。然而以“浓墨为面、淡墨为背”法画竹的，唯有文同一人。这种自成一派的墨竹画法赋予了他“墨竹大师”的称号。

文同酷爱画竹，常对竹子进行细致入微的观察。为画好竹子，文同还在他的住所广栽竹木，就连住所的名字都与竹子有关，如“墨君堂”和“竹坞”

【图 43】 ［北宋］文同《墨竹图》

等。文同到洋州出任太守，因那里是穷乡僻壤，别人都为他担心，只有文同十分珍惜这个机会，因为那里漫山遍野都有竹林。

文同的传世作品很少，《墨竹图》（图 43）为其真迹，现收藏于台北故宫博物院。图中画有悬崖上垂下的竹子一枝，竹的枝干弯曲，如同垂杨柳，竹叶茂盛，相互交错，叶末端微卷，墨色浓淡适宜，充分显示出竹子屹立险峰而不倒的精神。

文同的这种爱好也影响了表弟苏轼。苏轼可谓北宋全才，诗词书画无所不能，画竹是受文同感染，并且从文同处习得画竹技巧。他说“宁可食无肉，不可居无竹”。

据米芾记载，苏轼画竹“从地起一直至顶”，便问他为何不分竹节，苏轼回答——竹出生的时候，何尝是一节节生出来的。

苏轼作画重视神似，认为“论画以形似，见与儿童邻”。他主张作画要寄托于情感，反对形似，拒绝束缚，他高度赞扬“诗中有画，画中有诗”的境界。他的画风为后世“文人画”的发展奠定了理论基础。他的作品有《枯木竹石图》《潇湘竹石图》等。

胸有成竹

胸有成竹这个成语常被用来比喻做事一定要熟练、有把握，才能把事情做好。而其来源就是文同。文同为了画好竹子，特意在自家房前屋后种上很多竹子，坚持每天去竹林观察竹子的生长变化情况，再把心中的印象画在纸上。日积月累，竹子的各种样子都深深地印在了他的心中，所以每次画竹，他都显得非常从容自信，画出的竹子也无不逼真传神。后来，有个青年想学画竹，当他得知诗人晁补之对文同的画很有研究，就前往求教。晁补之当即写了一首诗送给他，其中就有“与可画竹，胸中有成竹”，这就是成语“胸有成竹”的出处。

【图44】 ［南宋］赵孟坚《水仙图》（局部）

扬无咎、赵孟坚与笔墨花卉

扬无咎善画墨梅，赵孟坚善画墨兰，他们二人都开创了以笔墨书写花卉的先河，为宋代的水墨绘画注入一丝新的活力。

扬无咎，字补之，号逃禅老人，清江（今江西樟树）人。他喜爱吟诗作画，尤在绘画上取得了颇高成就。

扬无咎在绘画初期学的是华光长老仲仁的画艺。仲仁酷爱梅花，擅长用笔勾画其形状。徐沁在《明画录》中记载："古来画梅者率皆傅彩写生，自北宋华光僧仲仁始，以墨晕创为别趣。"而扬无咎领悟其方法，并加以发展和创新，用"画中有我"的意境，创立了自己独特的风格。他一改以彩色或水墨晕染梅花的画法，用墨线勾画花的轮廓，不以彩色晕染，重点在于突显花蕊那一点。他用笔沾浓墨画树梢，树干直接一气呵成，而墨迹则有的地方润泽，有的地方干燥，更体现出一种黑白相间的自然之感，丝毫不觉得刻板。这种有虚有实的画法，把树皮的苍老表现得形象而生动。

两宋时期，工整精细的勾画一直在绘画艺术上占主导地位，而扬无咎则摆脱了这种风气，他更注重形象与笔墨结合的妙处，从不刻意描绘精细，但也不放纵，而用温和简练的笔墨、形神兼备的画风把梅花的清雅之韵表现出来。《四梅花图》和《雪梅图》是扬无咎的代表作。

《四梅花图》为纸本笔墨画，内容分为四段：未开、欲开、盛开和将残的梅，作者下笔工整洒脱，体现出文人画的风格。他用双勾与没骨两种画法勾勒出梅花，生气盎然又清淡雅致。《雪梅图》布局新颖自然，下笔遒劲雅秀，更显示出其画梅的成熟技巧。以上两图皆配有诗词，使书画为一家，诗中有画，画中有诗。

扬无咎生性光明正直，不贪慕名利，因此能作出"孤标雅韵"之梅。相传徽宗赵佶见其梅画，戏称他画的是"村梅"，因此他就以"奉敕村梅"为作品署名。

在扬无咎的众多追随者中，赵孟坚是较知名的一位。赵孟坚字子固，号彝斋，能诗能文，还善画水墨画，在南宋末年兼具贵族、士大夫、文人三重身份。

赵孟坚梅兰竹石样样精通，尤擅长作水仙画。他的《水仙图》(图44)以白描手法创作，用笔流畅挺拔，风格雅致，深受文人欢迎。其作画风格与自身带有的文人名士之雅兴是分不开的。

赵孟坚师法扬无咎，笔锋细劲俊秀，花叶纷杂但条理清晰，有生机勃勃之感，可谓“清而不凡，秀而雅淡”。他的作品《墨兰图》，以墨写兰花，为其首创之作。该图画有两株兰花，在杂草丛生的草地中绽放，其花朵清新淡雅，如蝴蝶起舞般令人惬意。

赵孟坚的作品还有《岁寒三友图》。该图为纨扇作品，清雅秀丽，充分显示出宋代末期文人画在书法与画技上的结合。元代著名画家赵孟頫的《兰蕙图》则明显传承了赵孟坚的画法，笔调自由舒畅，表达出一种奔放而洒脱的气质。

北方山水：皴与点

李成的平远寒林

李成，字咸熙，五代宋初画家。他的祖先为唐宗室，祖父于五代时避乱山东营丘，因此他又被称为“李营丘”。

李成擅长画山水，虽师承荆浩、关仝，但经过研习创新，后自成一家。他多画平远寒林，以显示郊野树林的平远开阔著称，并独创寒林“蟹爪”画法。他还有“惜墨如金”一称，这缘于他画法简练，常用淡墨，真可谓视墨如金子般珍贵。

李成的山水画有“古今第一”的美誉。他善用淡墨突显空间的层次感，使画面看起来虚旷而广阔。米芾形容李成的画“淡墨如梦雾中，石如云动”。其画中山多为北方的挺拔壮观之山，下笔勾勒甚少，骨干挺拔，峰峦层叠，给人一种“气象萧疏、烟林清旷”的美感。

《晴峦萧寺图》(图 45）现收藏于美国堪萨斯城纳尔逊 – 阿特金斯美术馆。该图未见李成的落款，但仍被视为李成之作，因其画山有“峰峦重叠，间露祠墅”的特点。打开画卷，近、中景为落叶凋零、尽显枯枝的寒林，一看便知这是北方寒冬的山谷景象。画面以群峰耸立为背景，山石壮丽而秀美，皴染用笔富于变化。中景有楼阁坐立山间，旁边瀑布飞流直下，直接把观赏者

【图45】 ［北宋］李成《晴峦萧寺图》

的目光吸引到山脚下的茅舍、板桥以及人物的活动中来。李成在这幅作品中运用了范宽的手法，描绘出山岩的轮廓以及皴笔的短直细腻；还兼并关仝画法的雄浑特色，再融入自己的清润画风，使景色显得清远而幽寂。

《寒林平野图》是李成又一幅以寒林为主题的作品，也是其传世精品，显示出其在画寒林上的独特创造力。这幅画把北方的山川地势与季节变化成功地表现出来，并把作者心中一种淡淡的情感寄托其中。该图绘有两棵长松，松树枝如蟹爪般伸展，在寒冬的平野中屹立不倒。两边枯枝寒树叠杂，老根盘结。土坡岩石的轮廓清晰，线条硬朗，有平远之感。一条河道曲折，似乎为这冬日的寒冷所凝固。这种场景是李成最擅长的，他只用淡墨作少量晕染，便把这深冬的清冷淡雅表现出来。该图为绢本水墨画，被台北故宫博物院收藏。

李成在山水画创作上标新立异，很多画家师法于他，如翟院深、郭熙、许道宁、李宗成、王诜、燕文贵等，其中较为突出的是王诜和许道宁。王诜善从李成画技中吸取长处，作出“浮空积翠如云烟”的画作。许道宁也受李成画风影响较大，因此被孙士逊评论为“李成谢世范宽死，唯有长安许道宁”。

惜墨如金

“惜墨如金”这个成语的本意是爱惜墨就像爱惜金子一样。它本是一种中国画术语，意即用墨要恰如其分，不可任意挥霍，尽可能做到用墨不多而表现丰富。后来也引申为写字、作画、作文要态度严谨，力求精练。出自明代陶宗仪《辍耕录》卷八“李成惜墨如金，是也”一句。

【图 46】 ［北宋］范宽《雪山萧寺图》（局部）

范宽的浑厚山林

范宽，字仲立，华原（今陕西铜川）人，北宋初期著名的山水画大师。他早年师法于荆浩、李成，随后感悟“与其师人，不若师诸造化”，因而移居大山，长期观摩写生，将山川之壮丽气势铭记于心，终于成为绘画界大师级人物。

范宽虽师承李成，但由于所处地域不同，所画景物和画家流露出的真情实感也就迥然不同。北宋人说范宽所画山水“如面前真列，峰峦浑厚，气壮雄逸，笔力老健”，而李成山水则“烟岚轻动，如对面千里，秀气可掬”。二人在技法上可谓“文武双全”。范宽的画不同于李成的“近视如千里之远”，他更善于表达“远望不离坐外”的意境。

范宽的这种意境源于他长期居于中南、大华山中“写山真骨”。他早晚观察云淡风轻、日出日落的景色，风吹雨打不曾停止。他的作品用笔浑厚有力，坚韧挺拔，多显磅礴大气之美。郭若虚在《图画见闻志》中评论其山水“峰峦浑厚，势状雄强，抢笔俱匀，人屋皆质”。

范宽的传世作品，据《宣和画谱》著录的有 58 件，其中较为著名的有《溪山行旅图》和《雪山萧寺图》（图 46）。

《溪山行旅图》现收藏于台北故宫博物院，绢本浅设色，纵 206.3 厘米，横 103.3 厘米。图中高山巍峨耸立，占整个画幅的三分之二，作者从俯瞰的角度把山顶的密林展现出来，予人山峰浑厚的印象。画幅下方为横向构图，把巨石、溪谷、山间驮队真实呈现，给人带来身临其境的感觉。其中，作者用笔顿挫转折，苍劲有力，勾画出山岩清晰的棱角，再用直短的线条，时而拖拽，时而点缀，由浅至深地刻画出岩壁的肌理。作者还为不同树木描绘出不同的外形，足以看出其对待作品一丝不苟的精神。

范宽是中国山水画中最早表现雪景的画家。《雪山萧寺图》是雪中山水的代表作，现藏于台北故宫博物院。这幅画在构图上不同于其他作品。画中白雪皑皑的山石树木直接呈现在人们眼前，让观赏者犹如身临其境，感受到寒气逼人。在这些雄壮巍峨的群山密林中，隐藏着一座萧寺。山峦由近而远地堆叠，有“折落有势”之意。山下寒树苍劲挺拔，显示出作者“与山传神”的精湛技艺。画上还有王铎的题词“画之博大奇奥，气骨玄邈，用荆关董巨运之一机，而灵韵雄迈，尤为古今第一”。

范宽发展了荆浩的北方山水画派，并能自成一家，得到世人的高度评价。据文献所载，宋代画家高洵、黄怀玉、刘翼、纪真、商训、宁涛等人都师法于范宽，南宋的李唐在山水绘画上也吸取了范宽的优点。后人将范宽与李成、董源合称为“宋三家”。元代大书画家赵孟頫称赞范宽的画“真古今绝笔也”。

千变万化的郭熙

郭熙，字淳夫，河阳温县（今属河南）人。他出身于平民，喜爱游山玩水。其作画亦如畅游山水，能抒发情怀。他用笔雄健有力，墨迹清晰，变化万千，有“独步一时”的美誉。

郭熙画山水本无师法，后向李成学习技巧，因此在画艺上有了突飞猛进的发展。

郭熙虽师承李成，但能吸取众名家之长处，描绘出云烟环绕、山峰若隐若现之状态。他重视画面意境，把高山峻岭和平远小景这一大一小、一远一近的景物安排得富有新意。因此，他的作品受到很多名流大家的赞赏。其传世作品有《窠石平远图》、《幽谷图》、《溪山访友图》、《树色平远图》、《早春图》(图47)、《关山春雪图》等。

《早春图》描绘了寒冬过去，早春来到，万物复苏的季节变化。作者通过层次安排，把高深平远的山水意境表现出来，观赏者虽不能直观地看到鲜花绿柳，但也能感受到春回大地的暖意。该图为绢本水墨画，纵158.3厘米，横108.6厘米，现收藏于台北故宫博物院。

郭熙善于观察自然景物，并把山体的外观结构、变化规律，以及山水在

【图 47】　［北宋］郭熙《早春图》

四季中的变化铭记于心，他强调“山形面面看，山形步步移”，能画出“远近浅深、四时朝暮、风雨明晦之不同”。《窠石平远图》则是他细心观察的最好体现。该图描绘的是北方深秋田野清远辽阔的景象。作者用平远法描绘远处的山峦，看似若隐若现，近处则为寒林、松树、窠石，中间有流淌的溪水，整幅画纵深有度，空间感强烈，能把人引入秋高气爽的风景之中。

郭熙的著名作品还有《树色平远图》。该图以河流为界，展示出两岸树色平远的景象。画面分为两个部分。河流前方有数株古树，在平地坡石上生长，它们的枝干曲折，枝头有枯藤盘绕，还有一根垂下的藤条，伸展到水面上。作者在构图上简单明了，尽显景色开阔纵深之感。画面用墨浓淡相宜，树枝犹如蟹爪，营造出一种真实具体的境界。显然，郭熙在创作此画时颇受李成画派的影响，但其独特的风格还是能够显露出来的。

郭熙在神宗赵顼在位时期，受命整理秘阁收藏的名画，他借为画作修订品目的机会将历代名画“尽收眼底”。郭熙在绘画鉴赏方面的阅历不断增长，终于成为北宋后期山水画界的一代名家，与李成并称为“李郭”。

南方山水：水与墨

李唐与《采薇图》

李唐，河阳三城（今河南孟州）人，字晞古。宋徽宗赵佶在位时期，进入画院。金兵攻陷汴京，高宗赵构南渡后，李唐逃往临安，以卖画度日。南宋恢复画院后，李唐再次进入画院，任成忠郎一职，当时已年近八十。

李唐最著名的作品为《采薇图》(图48)，该图以殷朝末期伯夷、叔齐“不食周粟”的故事展开描述，表现了两位古人宁愿饿死，不愿沦为亡国奴的高尚气节。

李唐创作《采薇图》时与他当时所处的时代背景有很大关系。当时金兵攻入都城，高宗已逃亡到南部，很多北宋文人被俘。而金人对北宋文人非常和气，他们虽性情粗狂，但很注重文化修养，因此非常珍惜才华横溢之人，尤其是宫廷画家。

作为宋代有名的画家，李唐显然受到金国礼待。金国不仅给予他更高的社会地位，也为其提供了创作上的便利。然而李唐忠心爱国，丝毫不被利益诱惑，并于去往金国的途中逃跑。他认为自己是大宋的子民，决不能效忠他国。李唐创作《采薇图》，一方面借以抒发大宋臣民不畏强权的爱国立场，另一方面警醒那些已为金国效命的大宋人士，带有很深的讥讽与蔑视之意。

【图 48】　[南宋]李唐《采薇图》(局部)

《采薇图》着重对叔齐、伯夷进行了描绘。图画居中的位置画有悬崖峭壁间的一块坡地，伯夷与叔齐相对坐在坡地的大石头上。伯夷双手抱膝，目光坚定，显得沉着稳重。叔齐似乎在对伯夷谈论着什么，他的身体向前斜倾，右手撑地，表示出愿跟随其兄之意。他们面容干瘪，身体瘦弱，但他们的精神却丝毫没有动摇，坚定而执着。

除《采薇图》外，李唐还有很多作品。高宗赵构曾评论李唐画山水“可比唐李思训”。显然李唐继承了李思训“青绿山水”之风格。他用浓重的石青、石绿设色，笔锋厚重，尽显坚毅挺拔。其实，李唐在画法上受荆浩与范宽的影响更多，他用“斧劈皴”画山石，用浓墨晕染，整幅画面显示出一种古朴的质感。

李唐作画善于布局构思，山林、峰峦、板桥、茅舍都能错落有致地呈现于画面，尽显远近迂回、连绵起伏的气势。《万壑松风图》《清溪渔隐图》就是他这一风格的代表作。莫世龙说李唐的画："人物、树石，笔势苍古，冲寒涉险之态，曲尽其妙。"

《万壑松风图》采用高远形式构图，松林屹立不动，整个画面呈现出一种肃穆凝重的气氛。画中岩石肌理用"小斧皴"刻画，再在侧峰处快速擦出几笔，更能显出石块的坚硬粗糙。作者从正面描绘山岩，山体虽无层叠，但有了立体感，更能真实再现其自身的形象。

李唐入笔简练，构图巧妙，意境优美，开辟了南宋山水的新画风。马远、夏圭等画家不但继承其画风，还发展出自己的艺术特色。

伯夷和叔齐

伯夷和叔齐一直被奉为中国古代社会贤者的典范。他们本是商朝孤竹君的儿子。孤竹君死前让叔齐继位，但等父亲死后，叔齐想把君位让给长兄伯夷。伯夷说这是父亲的意愿，不肯接受，之后逃走了。叔齐也不肯继承君位，也逃走了。他们听说西伯姬昌敬养老人，便打算投奔姬昌。不巧姬昌死了，他的儿子武王用车载着他的灵牌，正向东进发讨伐纣王。伯夷、叔齐拉住武王的战马劝阻道："父亲死了尚未安葬，就动起干戈来，能说得上是孝吗？以臣子的身份杀害君王，能说得上是仁吗？"武王身边的人本想杀死他们，但太公姜尚说："这是两位义士啊！"扶起他们，将其送走。武王建立周朝后，伯夷、叔齐坚持不食周粟，隐居首阳山，靠采集薇蕨充饥，最后饿死了。

【图 49】 ［南宋］刘松年《中兴四将图》（局部）

刘松年、夏圭、马远

宋代有刘松年、马远、夏圭三人，他们画山水师法于李唐，画技十分出众，与李唐合称为“南宋四大家”。

刘松年师承张训礼，但青出于蓝而胜于蓝，被授予“绝品”的美名。他善画山水、人物，画风学李唐，风格似董源、巨然，笔墨俱妙，富丽典雅。

刘松年早年为画院学生，宋光宗绍熙年间升为待诏，宋宁宗时因进献《耕织图》得到奖赏。他作画多以小景为题材，常画西湖、茂林。在纹理勾画上，变李唐的“斧劈皴”为小笔触“刮铁皴”。李唐的皴法如刀砍斧劈，顿挫曲折，而刘松年的“刮铁皴”则有另一番韵味，似用锐器在铁板上刮，力度十足。

刘松年作画题材广泛，他画山水风光秀丽，画人物形神兼备，画台阁工整微妙。他的作品题材多样，既有反映社会不平现象的《风雪运粮图》，也有抗金爱国、反对投降的《便桥会盟图》，还有表彰岳飞、韩世忠尽忠报国的《中兴四将图》(图 49)。

夏圭，字禹玉，钱塘（今浙江杭州）人。宁宗时为画院待诏，至理宗时为画院祗候。早年善画人物，后以画山水长卷著称，如《江山清远图》，长达 33 米，还有其他长卷作品，如《长江万里图》《山水十二景图》《西湖柳艇图》《溪山清远图》《江山佳胜图》等。

《溪山清远图》为横向长卷图，长 8 米。打开画卷，江浙一带的秀美风光即映入眼帘。画面以江水为界，江面雾气笼罩，船只停泊，还有渔船在远处作业。岸边为溪山，越过溪山直见丛林，丛林间还有村庄。江的另一边为悬崖险峰，巨石幽谷。山边有一座板桥，两个行人在桥上悠闲地说着什么。顺着桥再向后看，还有茅舍、村落，之后又是青烟缭绕。这种烟雾迷茫的感觉颇具江南特色。夏圭在该画中多用“斧劈皴”，只是把线拉长，便能表现岩石的厚重巨大。这种画法源自李唐的影响。夏圭还作有《西湖柳艇图》，描绘了西湖秀丽绝美的风光，西湖岸边柳枝轻扬，水榭画舫，再以游客为点缀，更

【图 50】［南宋］马远《踏歌图》（局部）

加突显出西湖景色的美不胜收。

夏圭善以“趣”取胜，马远画作则意味深远。二人除画山水都显苍老挺拔外，较之马远的浑厚画风，夏圭的画则更显清淡。二人齐名，时称“马夏”。

马远，字遥父，号钦山，原河中（今山西永济）人，后移居钱塘（今浙江杭州）。出身于绘画世家的他，于光宗、宁宗两朝任画院待诏。马远画的山水不以全景构图，边角之作颇多，遂有“马一角”之称。

马远笔锋开阔有力，在皴法上沿用李唐的斧劈皴法，并将此法加以发展，更显山峦妙石的峻峭坚实。他画树干多用浓墨，有横向倾斜之势。画楼阁界画工整，人物描绘自然，形神兼备。马远作画注重水墨浓淡的变化，自然突显出景物的远近。他的传世作品有《踏歌图》(图50)、《水图》、《梅石溪凫图》、《西园雅集图》等。

《踏歌图》以陡峭笔直的山峰为背景，山间烟雾缭绕，远处青松挺拔，这是中国古代农村的优美风光。画面下方为村中的一条乡间小路，许多村民正在这儿一边踏步，一边唱歌。作者以山村里一种名叫“踏歌”的娱乐活动为主题，用简练的线条、浓淡相宜的水墨变化，以及景物远近的巧妙构图，充分展示出南宋的秀丽山水，以及农民们在这依山傍水的自然环境中充满欢乐与趣味的生活。

《山径春行图》则是一幅富有诗意的画，描绘了春天来到，春意盎然，一位诗人走在乡间的田野上，他身后的山花开满枝头，轻触着他的衣袖，柳条随风轻轻摆动，处处洋溢着春的气息。有两只鸟雀被诗人惊扰，它们已无心欣赏这春的美景，只顾独自啼叫。画的右上角还有两行诗句“触袖野花多自舞，避人幽鸟不成啼”，正是对画中意境的总结。

《林泉高致》

宋代是中国山水画继隋唐五代以后的第二个高峰，郭熙的《林泉高致》正是论述、总结北宋时期山水画的重要专著。《林泉高致》涉及山水画创作的方方面面，如绘画创作的起源、功能、构思、构图、形象塑造、笔墨运用和观察方法等。书中有不少地方都有其独特的观点，如山水画应注重以诗意入画，而书法中的笔法也被借用到绘画当中。他还在书中总结了北宋山水画“远望之以取其势，近看之以取其质”的精神。

“画”中有真意，欲辨已忘言

（1206—1368年）

元代是隐士辈出的时代。为了反抗现实，他们寄情于山水，走入自然，将身外山水转化为内心风景，发展出了高度成熟的文人画。而梅兰竹菊“四君子”成为水墨画的“新宠”，是画家们直抒胸臆的最佳素材。

上：【图 51】 ［元］赵孟頫《秋郊饮马图》

下：【图 52】 ［元］赵孟頫《秀石疏林图》

赵孟頫的失意与得意

赵孟頫，字子昂，号松雪道人，湖州（今属浙江）人，出身于宋朝宗室，是宋太祖赵匡胤的第十一世孙。宋灭亡后，赵孟頫回到故乡隐居。元世祖忽必烈命人“搜访遗逸于江南”，赵孟頫等人被推荐入京。元世祖见到赵孟頫，对其赞赏有加，并授予官职。赵孟頫为元效力直到仁宗六年，因忽必烈去世而产生退隐之心，终辞官再返故里。

赵孟頫博学多才，吟诗书画样样精通，他在书画上取得的成就是最高的。赵孟頫善画花鸟、鞍马、人物、山水，功底深厚，技艺精湛。他认为艺术“若无古意，虽工无益”，即是说要想创作出好的作品，首先要继承古代绘画的古朴雅韵，而形似与精致都是次要的。

《秋郊饮马图》(图 51）是赵孟頫的代表作，图画描绘了初秋的郊野外，一个牧人赶着一群马到河岸边饮水的情景。牧人身着红色长袍，一手拉缰绳，一手持马鞭，侧身看着身旁的两匹马戏水。画的左下角有两匹马，一匹低头饮水，一匹正在回头招呼后边的马匹，随后有三匹马也赶上来，准备尝一尝这甘甜可口的溪水。画的左上角，有两匹马正在互相追逐，它们似乎正享受着这舒适惬意的时光。画中树木虽枝叶繁茂，但通过颜色可看出已进入秋季。整个画面远近层次分明，构图有序，内容虽简洁，但意境深远。在设色上，人物、马匹、树木、溪流均以不同颜色晕染，将青绿山水与水墨山水成功地融为一体，极富“古意”。作者用笔圆润而细腻，虽无皴、擦、点，但也足以显出富丽典雅之气。

赵孟頫还强调书画是相通的，把书法用笔技巧融入绘画中，更有一番韵味。他的作品《古木竹石图》、《秀石疏林图》(图52) 等就是根据“书画为一家”的理念创作而成的。

管道升与《我侬词》

尔侬我侬，忒煞情多；情多处，热似火：把一块泥，捻一个尔，塑一个我。将咱两个，一齐打破，用水调和；再捻一个尔，再塑一个我。我泥中有尔，尔泥中有我。我与尔生同一个衾，死同一个椁。

很多人都知道管道升是元代著名画家，但可能不知道上面这首传唱至今的词也是管道升所作。作这首词的缘由是其丈夫——元代著名画家赵孟頫动了纳妾的念头，并作词一首告知管道升。管道升决定以词表明自己的态度，于是就写下了这首《我侬词》。读了这首词，赵孟頫感受到了妻子对自己的情深义重，顿时心生愧疚，打消了纳妾的念头，夫妻和好如初。

“士”气满满的钱选

钱选，字舜举，号玉潭，别号清癯老人，湖州（今属浙江）人，生活于宋末元初。他与赵孟頫是同乡又是好友，同入“吴兴八俊”之列。

钱选吸取各家之所长，学赵令穰的山水、李公麟的人物、赵昌的花鸟、赵伯驹的青山绿水，各个画科无所不能。他善画折枝，常在自己满意的作品上题诗。南宋景定三年，钱选中乡贡进士，他拒绝入元朝为官，并隐居家乡过着以书画养性的生活。他多画隐居高人或隐居山水，表现出一种清新脱俗、朴素自然的意境。

钱选作画注重“士气”，与赵孟頫探讨“士气”时称“无求于世，不以赞毁挠怀”，因此他的人品和画品在当时一样受人称赞。

钱选画的山水有其独特风格，如《浮玉山居图》用青绿设色，笔锋细腻。人物画多用历史题材，如《陶渊明像》，表现出隐居人士的高风亮节。他的作品还有《柴桑翁像》《白莲图》《秋瓜图》等。

钱选最著名的作品为《山居图》（图 53），是他隐逸生涯中寄情于景的创作。作者用平行折带般的线条画山石纹理，虽没有皴笔，但也显示出山体的高大秀美。画林木枝叶多用圆形、三角形等几何图形，看似不太真实自然，但用青石青绿设色后，显出一种超凡脱俗的感觉。画面在构图上采用独特视角，山林茅舍被包围在河水之间。此种意境，更能抒发作者与世隔绝的孤寂之感。

【图53】　[元]钱选《山居图》(局部)

“命运多舛”的《富春山居图》

黄公望，常熟（今属江苏）人。中年曾任中台察院掾吏，因受人牵连入狱，无心留恋尘世，遂皈依全真教。

黄公望自幼聪明，学富五车，初学音律长曲，中老年时期才专心于绘画。他在创作技法上先师法于董源、巨然，后师承李成，笔墨老练，与吴镇、倪瓒、王蒙合称“元四家”。《虞山画志》中说公望“山水师董、巨两家”“元季四大家之冠”。

黄公望曾久居江南，浪迹山川之间，领略江河湖泊的美景。他善于观察景物，常随身携带画具，每到一处立刻记录当地美景，有时为深入观察能坐在山中一整天，把江南山水历经朝夕、风雨时的变化铭记于心，甚至达到废寝忘食的地步。他能把江南山水四季或昼夜的变化逼真地呈现在纸上，从而创作出《溪山雨意图》《天池石壁图》《富春山居图》等名画。

《富春山居图》是黄公望最为著名的传世作品。创作该图时，他已 79 岁，加上前期准备与后期绘制时间，该作品总共历经七八年才得以问世。打开画卷，浙江富春江沿岸大岭一带的美丽风光展现在观赏者面前。该图以横幅长卷形式展开描绘，近处树木枝叶茂盛，虽数量不多，但身姿挺拔，错落有序。山峰连绵起伏，远近相呼应，从矮小的山丘一直过渡到圆缓高大的山体，尽显峰峦重重，蜿蜒曲折。山石重叠之间可见房舍、小桥、亭台、人物。再看富春江水，与山体相连，江面微波荡漾，处处泛起涟漪，几只渔舟划行江上，远处又见一片林海，郁郁葱葱，显得富春江十分广阔。

作者利用纵深效果构图，先用淡墨打底，再用较干浓墨画山顶、树木，颜色由浅至深，使画面看起来空间感强烈，景色亲切自然。根据物象比例远近，画面犹如自动分成四个段落，每一个段落末端的景物变大，就暗示着下一个画面段落的开始，给人一种虚实结合、远近分明的视觉效果。作者继承了赵孟頫的笔墨质感，再结合自己的手法，进一步增加笔墨变化，层次分明，充分展示出自然山水的真实面貌。

《富春山居图》自问世以来，受到历代收藏家、书画家的垂青，甚至封建皇权贵族也为能亲自一睹大家巨作而备感荣幸。清代末年，此画传到了收藏家吴宏裕手中。吴宏裕对它爱不释手，每日观赏至茶饭不思，直到临终还要下令将其焚烧殉葬。虽然被侄子从火中抢出，但此画被烧成一大一小两段，长的一段被称作“无用师卷”（图 54），收藏于台北故宫博物院，短的一段则称为“剩山图”，现收藏于浙江省博物馆。

浅绛山水

浅绛山水是山水画的一种设色方法，是在水墨勾勒皴染后，再铺上以赭石为主色的淡彩山水画。这种设色特点始于五代董源，盛于元代黄公望，其后明代的董其昌、清代的正统派中坚人物王原祁也是此中高手。

吾家梅景書屋所藏第一名迹潘静淑記

【图 54】　［元］黄公望《富春山居图》（无用师卷）

【图 55】 ［元］王蒙《青卞隐居图》（局部）

“画三代”王蒙

王蒙，字叔明，号香光居士，湖州（今属浙江）人，与黄公望、倪瓒、吴镇并称“元四家”。王蒙出身于绘画世家，外祖父赵孟頫和外祖母管道升都为元代著名画家，他的舅父赵雍、表弟赵彦徵等人也都因作画而出名。

王蒙擅长诗词创作，还写得一手好书法，但他在绘画上取得的成就最高。学画初期，王蒙受赵孟頫影响，手法多有类似，后来师法于董源、巨然、王维等人，博采众长，创造出自己的新风格。王蒙能画人物亦能画山水，所画山水最为优美。他的山水画布局周密有序，用笔娴熟流畅，用自己独创的解索皴与牛毛皴，把山峰重叠、水岸相连、树林茂盛之势，自然真实地呈现于纸上，被赞为“纵横离奇，莫辨端倪”。

王蒙在“元四家”中年龄最轻，与黄公望、倪瓒等人多有往来，相互切磋画技，他的名声虽在黄公望之下，但也颇受黄的称赞。倪瓒曾赋诗赞美王蒙精湛的绘画技艺：“王侯笔力能扛鼎，五百年来无此君。”

王蒙的主要绘画作品有《青卞隐居图》(图55)、《春山读书图》、《葛稚川移居图》、《秋山草堂图》、《太白山图》等，其中《青卞隐居图》较为著名。

该图描绘了浙江吴兴西北卞山的景色。画家用墨层层加重，干湿相间，画山峰时而作解索皴，时而用牛毛皴，把山峰的险峻气势表现出来。山间有瀑布飞流直下，四周树木繁多，用勾画、点缀等手法，尽显树木挺拔，枝叶茂盛。山上可见几间草堂，位置在画面左角一端，十分隐蔽，堂内有隐士抱膝而坐，草堂外的山间，还有一些隐士行走，充满闲情逸致。

王蒙在黄鹤山中隐居了三十年。他每天脚穿草鞋，手拄竹杖游山观水，瞭望白云，还为屋舍起名“白莲精舍”，在那里过着悠闲安静的世外生活。因此，他40岁以后的作品都透露出一种“千山万壑在胸中”的感觉，他的山水画被董其昌誉为“天下第一”。

《春山读书图》为王蒙所作另一幅名迹。从款署上看，画中山峰应为其隐居的黄鹤山。该画从构图上可分前景和后景两部分，前景可见松树屹立于巨石之上，后景为连绵青山。从布局上看，黄公望和倪瓒等画家作画善于留白，而王蒙则不同，他把整个画面安排得满满当当，细密而丰富，但这种满而细密绝非一般的拥挤，而是用富有空间与层次感的手法，把山峰的秀美壮丽表现出来。此外，他还很注重细节描绘，如树干上的鳞片、松针都如真实再现。他在山石描绘上运用皴笔，把披麻皴与卷云皴巧妙结合，再加上干湿相杂的线条，把南方山峰土质松软的感觉表现出来。

王蒙用笔厚重，构图细密，重在表现江南山水的温润，但又不失北方山水的壮观，这是其山水画独有的特点。他还善作“画诗书”，以诗解画，把诗文与画面巧妙地融为一体。

倪瓒：不孤傲不成活

倪瓒，字元镇，号云林子、幻霞子等，江苏无锡人，出身于江南富贵人家。他从小生活舒适安逸，无忧无虑，又受过良好教育，因此为人清高，不愿走仕途之路，整日沉迷于书画诗文之中。

倪瓒虽家境富裕，但却毫无纨绔子弟的恶习。他很注重自身的气质与修养，除每日潜心研究典藏书籍外，还对家中收藏的历代名画情有独钟。他与这些名画朝夕相处，日夜观看，认真揣摩技巧，甚至还潜心临摹多幅名家画迹，能描绘得形神兼备，如李成的《茂林远岫图》、董源的《潇湘图》等。

倪瓒还喜爱外出游览，所到之处，先细心观察，再把有价值的东西记录在纸上。他常在自然中写生，描绘景物的各种变化，回去时所带竹筒已经满满全是画卷。他勤奋好学，又善于总结，师法于董源、赵孟頫，在博采众家之长的基础上，发展出自己的绘画风格。

倪瓒的传世作品有《渔庄秋霁图》《六君子图》《容膝斋图》《松林亭子图》《西林禅室图》《虞山林壑图》等。

《渔庄秋霁图》为倪瓒离家漂泊的第三年，在友人王云浦的渔庄里绘制而成的。打开画卷，一片江水首先映入眼帘，占去整个画幅的三分之二，江面空无一物，消失于画卷两端。前方有细树枯枝生在低矮的山丘上，向远望去，能看到两处叠起的峰峦。作者画山石树木运用“渴笔”，笔枯墨少，丝丝露白，再用皴笔画出山石的纹理。虽沿用了董巨的披麻皴，但在风格上有所改

【图 56】 ［元］倪瓒《梧竹秀石图》（局部）

变，皴写呈横向状态，收笔处有倾斜擦过之感，山石坚实厚重的质感立刻体现出来。《渔庄秋霁图》处处显示出空旷茫然的感觉，可能他作此画时想起去世的友人而倍感孤独，或许感慨自己身在异乡长期漂泊，只能寄情于画，来抒发自己孤独寂寞的情感。

倪瓒除画山水外，还善画墨竹，传世作品如《竹石乔柯图》、《竹枝图》、《梧竹秀石图》（图 56）等。《梧竹秀石图》描绘一株梧桐树，旁边稀稀疏疏几根细竹，还有平滑的山石。全画用墨大胆，有淋漓畅快之感。树干用侧笔绘制，梧桐叶用阔笔侧抹，湖石用浓墨勾画，墨迹浓淡相宜，干湿运用合理，正如乾隆在此画上的题跋所云：“梧如遇雨竹摇风，石畔相依气味同。数百年来传墨戏，展观湿润镇潆潆。”

倪瓒作画虽内容稀疏但意境深远，可谓“惜墨如金”。董其昌曾夸赞其用笔“有轻有重，不得用圆笔，其佳处在笔法秀峭耳”。

倪瓒与梧桐树

倪瓒之所以闻名，不仅仅因为他的画画得好，还因为他的洁癖，称他为“中国古代艺术史上洁癖第一人”一点也不为过。相传他洗脸要换十几次水，穿衣服之前抖灰尘要抖十几次，如果有客人来访，待其离去后，客人坐的地方必须刷洗。而庭院前面栽的梧桐树也由于每天早晚都有人挑水擦洗，结果被洗死了。不知这棵梧桐树，是否就是其作品《梧竹秀石图》中梧桐的原型呢？

【图 57】 ［元］吴镇《渔父图》（局部）

梅花道人吴镇

吴镇，字仲圭，号梅花道人，浙江嘉兴人，年少时期爱好剑术，成年后受《易经》影响，渐隐藏其锋芒，显示出儒雅之气。他不与达官贵人交往，不在乎功名权力，过着深居简出的生活，不为仕途忙，悠闲而自在。

吴镇十八九岁开始学习作画，善画山水、墨竹，他常游荡于青山绿水间，饱览自然风光，大大开阔了其视野。他的画风清润，笔墨秀美，表达出一种深远的意境。恽南田在《南田论画》中说：“梅花庵主与一峰老人同学董源、巨然，吴尚沉郁，黄贵萧散，两家神趣不同，而各尽其妙。”

其实，吴镇年轻时的画作在当时是不被人看好的。董其昌在《容台集》中记载，以前吴镇与盛子昭是邻居，很多人知道盛子昭画技出众，都挤到他家出金帛请其作画，而吴镇家门庭冷清，其妻便拿此事说笑，吴镇却自信地说：“二十年后不复尔。”果真如此，二十年后，吴镇的绘画尽显苍茫古朴之气，令其名声四起。

吴镇画山水师承董、巨，还兼马远、夏奎之所长，虽能继承传统技法，但也潜心研究，自成一派。他作画格调简约，下笔遒劲有力，用墨浑厚，颇有清旷悠远之意，因此能与黄公望、倪瓒、王蒙合称“元四家”。

吴镇的传世作品有《渔父图》（图 57）、《双桧平远图》、《洞庭渔隐图》、《嘉禾八景图》、《风竹图》等。

《渔父图》为吴镇 63 岁时绘制，表现了对渔父隐居山水之中的悠闲生活的向往。吴镇创作此图与元代的时代背景有很大关系。蒙古族作为元朝的统治阶级，他们的政策导致许多文人有避世思想。而渔父的人生逍遥自在，这正是文人们所向往的，因此，他们寄托情感于渔父形象，创作出许多关于渔父的诗词歌赋。在绘画领域，吴镇尤对渔父“情有独钟”。他的很多作品都以渔父为题材，通过描绘山水的苍茫之感体现渔父的孤独寂寞，而不对人物本身进行细致刻画。渔父虽然形象模糊，却震撼人心，这是只有吴镇能做到的。

在《渔父图》中，吴镇用元代流行的“阔远”构图法，用一条宽阔的江水隔开两岸，使画面远近相应，富有层次感。画面中江水的大段留白，更能体现两岸芦草的笔墨层次。画中山顶圆润，芦坡平缓，山石的纹理用披麻皴与点苔法绘制而成。画中人物轮廓勾画清晰，并以正面示人，散发出一种天然古朴的气息。而空间结构连续延伸，则是元人绘画独有的特征。

除画山水外，吴镇还钟爱墨竹，《风竹图》就是其墨竹画的代表作品之一。一枝竹子从画纸的一端伸展出来，它的叶子被风吹到同一个方向，枝干也随风略弯，但身姿依然挺拔。吴镇画竹叶用侧笔，竹干用中锋刻画，笔墨的轻重粗细富有很大变化，如画中段竹干用纤细之笔，显示出竹的柔韧性，正如吴镇自己总结的：“画濡墨浅深，下笔有轻有重，逆顺往来，须知去就。”吴镇作此画并不强调写实，而是要抒发一种竹子般清新脱俗的情怀，有“意到笔成”之意。话虽如此，但实际上作者必然胸有成竹，才能绘出此大气之作。

写意水墨梅竹图

王冕，字元章，号煮石山农，浙江诸暨人。从小出身贫寒，早年以放牧为生，后一心向学，不畏辛苦，终成通儒。王冕学识渊博，能作诗词，善写书法，还兼刻印章，相传用花乳石做印章就是他首创的。王冕还擅长作画，他画的梅花用墨浅淡，下笔精练，清新洒脱，极为自然。

王冕师法于扬无咎的画梅技法，又能“青出于蓝而胜于蓝”。他画梅花重视枝头花团锦簇的感觉，而不像一般人表现出的枝细花稀。清代朱方蔼曾说：“宋人画梅，大都疏枝浅蕊。至元煮石山农（王冕）始易以繁花，千丛万簇，倍觉风神绰约，珠胎隐现，为此花别开生面。”

《墨梅图》是王冕晚年的杰作。打开图画，一枝梅花从画纸边缘处直接伸展出来，枝条有力，错落有致，梅花有的盛开，有的待开，还有的为嫩嫩的花苞。此画构图十分简洁，有柔中带刚之势。在布局上，梅花分布得稀密有致。在花蕊的勾画上，作者下笔干练洒脱，用富于变化的浓淡之墨代表花瓣的颜色，虽无设色，也体现出梅花的自然韵味，显得生趣盎然，这正符合《墨梅图》自题诗中的意境：“吾家洗砚池头树，朵朵花开淡墨痕。不要人夸颜色好，只留清气满乾坤。”

李衎，字仲宾，号息斋道人，蓟丘（今北京市）人，皇庆元年任吏部尚书。作墨竹画初期师承金代的王曼庆，后又师法宋代画家文同，在南唐李颇门下学到设色双钩竹的绘画技法，在描绘双钩竹上颇有成就。

【图 58】 ［元］李衎《沐雨图轴》

李衎喜好游历山川树林，甚至不远万里来到交趾（今越南），他深入竹林，细心观察，把竹子的朝暮变化、风吹雨打之势铭记在心，才画出生动逼真的竹。李衎的传世作品有《沐雨图轴》(图 58)、《双钩竹石图》、《修篁树石图》等。他还著有《竹谱》一书，对各个地区各种竹子的画法做了详细的总结。

柯九思，字敬仲，号丹丘生，别号五云阁吏。浙江台州仙居人。自幼聪明伶俐，博学多才，爱好诗词书画，尤在绘画上取得的成就巨大。

柯九思善画竹，受赵孟頫的影响，认同书画同源的理论，他常观看书法大家的作品，如苏轼的《天际乌云帖》、黄庭坚的《动静帖》等，并把书法的运笔之势与精髓巧妙地体现在绘画中，还称：“写干用篆法，枝用草书法，写叶用八分或用鲁公撇笔法。”

他画的山水雄伟而秀美，有千沟万壑之势。他画的花鸟富有自然趣味，只用浅淡的笔墨就能描绘得生动形象。他画的墨竹更是别开生面，独具特色。《清閟阁墨竹图》是柯九思画墨竹的代表作品。画中描绘两根翠竹挺拔屹立在奇石边，一根枝干纤细，竹叶稀疏，另一根顶端枝叶茂盛，由于承重大，竹干作倾斜状。奇石周围还点缀些许稚嫩的小草，显得生动而秀美。作者画竹叶用书法的“撇笔法”，画奇石用长披麻皴，再用浓淡不同的墨色突显景物颜色的多样，整幅画面清秀雅致，神韵俱足，既有空间感又有超凡脱俗之气。

王冕画梅

王冕是墨梅画家中最具代表性的人物之一，他能有此成就与其年幼时期的勤学苦练是分不开的。据说王冕小时候为秦家放牧，有一天到湖边放牛突然遇上大雨，雨后，湖里的荷花显得分外美丽干净，王冕看后喜欢至极，很想把这美丽的景色记录下来，就买来纸笔开始作画，起初他画得不尽如人意，但凭着一股韧性与毅力坚持作画，三个月后就能把荷花的姿态形状画得如真实再现。从此他便以卖画为生，很多人见其画得逼真，都争相购买，因此王冕声名远播。

第五章

以古人为师，为百姓作画

（1368—1840 年）

明清时复古思潮与市民文化交相辉映，一方面院体画大行其道，另一方面文人放下清高，为市民阶层服务，颜色重新出现，题材也日益生活化。文人画日渐衰微，各种地方画派纷纷崛起，卷轴画与年画开始登上历史舞台。

【图 59】 [明]戴进《春游晚归图》

戴进：万花丛中一点绿

戴进，字文进，号玉泉山人，浙江钱塘（今杭州）人。宣德年间进入宫廷画院任职，山水、人物、花鸟、走兽、道释无所不能。

戴进画山水师法于马远和夏圭，画人物师法于吴道子和李公麟。他在博采众长的基础上，潜心钻研，终自成特色。他用“铁线描”勾勒衣纹，时而兼用“兰叶描”，线条有力如铁丝，状如兰叶，极为生动飘逸；他画人物用“蚕头鼠尾描”，行笔顿挫，力度十足；他画葡萄还要在旁边搭配竹、蟹爪兰等物，作品别具特色。戴进一改南宋浑厚沉重的画风，他下笔细腻，风格挺拔，顿挫有度，笔锋灵活多变，成为当时风靡一时的绘画名家。

戴进一生创作作品众多，如《春山积翠图》《风雨归舟图》《三顾茅庐图》《南屏雅集图》《三鹭图》等，其中《春游晚归图》(图59）和《春山积翠图》是其绘画早期和成熟时期的代表作品。

戴进创作《春游晚归图》时，多受马远和夏圭画风的影响，画中轮廓勾画、渲染方法、笔皴用法、构图范围均有马夏之风范。展开画面，前景一角为坡石松树，小桥流水，前方一座庭院，一人正在敲门，应该为院内主人。里边的仆人听到敲门声前来应答。中景处有两个农夫扛着锄头走在乡间田野上，远处还有农妇在喂养家畜，远景为青烟缭绕的山峰，亭台楼阁若隐若现，整幅画面给人惬意舒适之感，令人对这种安静雅致的田园生活充满向往。

戴进在绘画时十分注重细节，画中人物虽小，但形神兼备，犹如“万花丛中一点绿”，更显画面生动活泼，这与马、夏诗情画意般的画面有所不同。戴进虽笔墨严谨，但灵活多变，潇洒自如。从构图上看，该画留有大部分空虚，沿用了南宋画院风格。但其远景和近景区分不大明显，似乎都在同一个水平线上，缺乏视觉深远效果。如果不是中景处有小径相隔，可能无法分辨远近，这是该画的一个弱点，但也是浙派绘画的一个共同点。这幅作品没有落款也没有印章，从画风上来推断，应为戴进早期的作品，可见当时戴进的画艺就已比较高超。

戴进62岁时创作了《春山积翠图》，代表了戴进中晚期画风的转变。戴进当时生活窘迫，靠卖画为生，画“春山积翠”这样的景色正是寄情于景，抒发自己凄凉寂寞的抑郁情怀。

戴进虽继承古人的作画传统，但能用古而不泥古。他推陈出新，发展出自己的独门一派，其风格被儿子戴泉、女婿王世祥传承，还有吴伟、张路、方钺、谢宾举、谢时臣、汪肇、蒋嵩等多人追随，从而形成“浙派”。“浙派”在江浙地区影响很大，名声远播宫廷内外，因此，作为创始人，戴进受到更多的赞誉。

“画状元”吴伟

吴伟，字次翁，号小仙，江夏（今湖北武汉）人，与戴进皆传承马远、夏圭之风，画法略有不同，被称为浙派山水中的“江夏派”。

“江夏派”原本被看作“浙派”的分支派系，也有人误认为吴伟是“浙派”画家，其实两派画风虽有接近，但还是保留了各自特色，“江夏派”以“笔墨外露”著称，又因吴伟是江夏人士，故而得名。

吴伟下笔虽随意奔放，但能真情流露，令动人景物跃然纸上。他的代表作品有《采芝图》、《渔乐图》（图 60）、《树下读书图》、《灞桥风雪图》等，以及白描《人物图》《神仙图》等。

《渔乐图》是吴伟的传世杰作。该图布局简洁，气势磅礴，描绘了山峦连绵，碧波荡漾，渔人泛舟水上的生活场景。近景为山石松树，远景为峰岭成群，中景处为蜿蜒流淌直到远方的江水。水面上渔船三三两两，有的停靠，有的前行，好一幅惬意迷人的江南美景。画面采用“一角半边”的山水构图方式。“一角半边”来自南宋的马远和夏圭，马远构图常取一角，夏圭构图常取半边，后来就有了“马一角，夏半边”的说法。吴伟用这种方式描绘《渔乐图》，景物大面积留白，既能相互联系，又能相互递进，较多层次变化给人带来开阔的视觉享受。整幅画面纵深效果强烈，毫无物象过多的拥挤感，使人产生一种对自然山水的向往之情。

吴伟画山水磅礴秀美，画人物如“吴带当风”。他师法于吴道子，笔锋虽

【图 60】 ［明］吴伟《渔乐图》

肆意流动，人物已神韵俱佳。他以画白描人物著称，作品有《人物图》《神仙图》《北海真人图》等。

画状元

吴伟早在年少时就已显示出绘画上的天赋。相传他七八岁流落江苏，被钱昕收养，除伴随钱家少爷读书外，还时常偷偷摆弄笔墨，画人物、山水十分逼真。一次，钱昕见到他的画作后连连称赞，并授其笔墨，赠予厚礼，令其不再过问他事，专门作画，直至名声鹊起。

吴伟性情刚直粗犷，爱饮酒作画。进入画院后，有一日他被画院待诏灌醉，无法行走，被人搀扶到宫中作松泉图。吴伟借酒醉之意把墨汁弄翻，跪在地上随意涂抹。不一会儿，一幅形象生动的作品就完成了，宪宗看后不由得夸赞吴伟为“仙人笔”。到了明孝宗时，吴伟在宫廷中已经是首席画家了。孝宗为此特赐印“画状元”给他。他是中国历史上仅有的两位“画状元”之一，另外一位是清时期的画家唐岱。

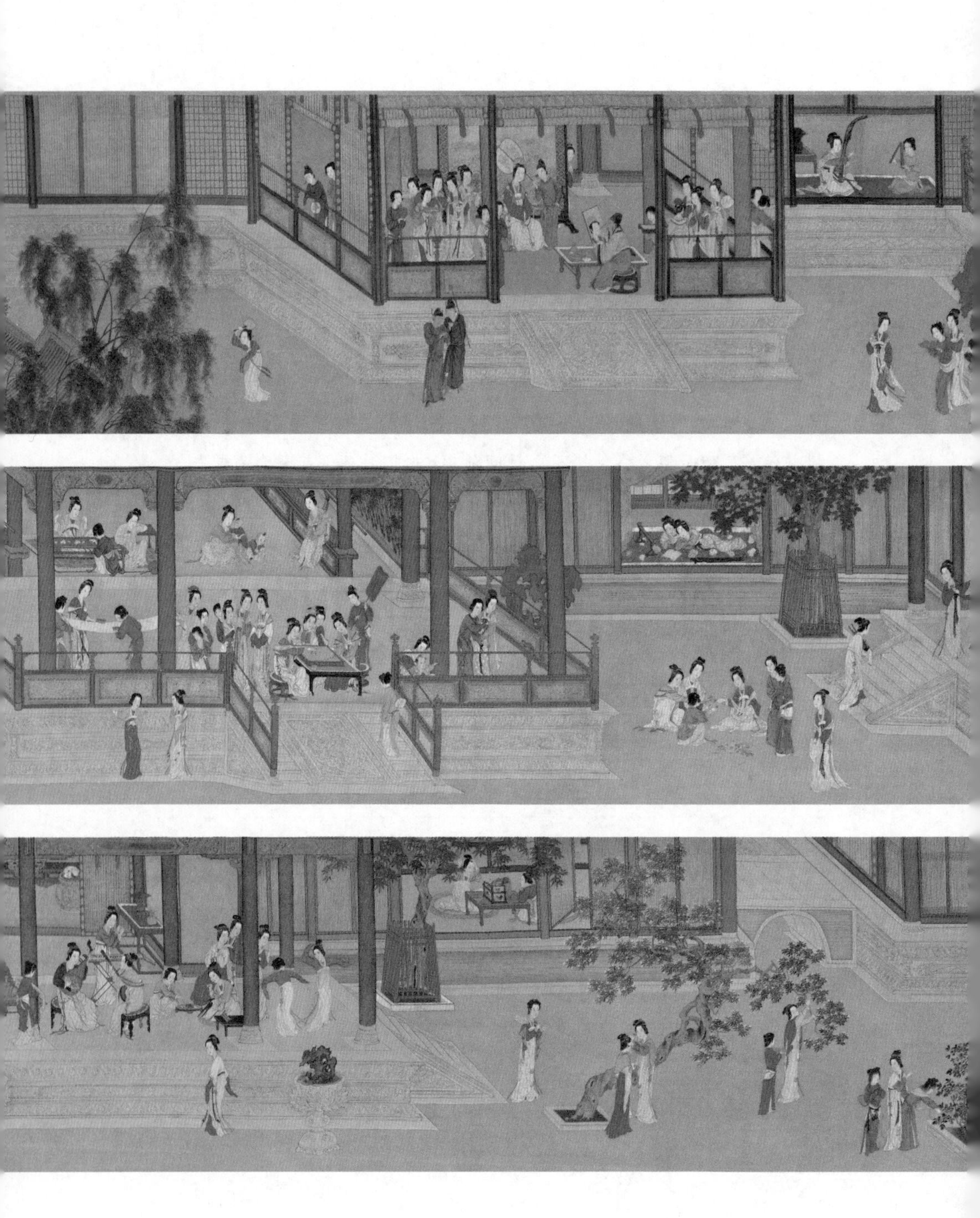

【图 61】 ［明］仇英《汉宫春晓图》（局部）

大俗大雅的仇英

仇英，字实父，号十洲，原为江苏太仓人，后移居苏州。早年靠做漆工兼楼宇彩绘谋生，后拜师周臣门下，专心学习作画。他笔锋灵活多变，布局严谨细密，无论山水、花鸟，还是人物、仕女，一经绘出，别具特色，被董其昌授予"近代高手第一"的美誉。

仇英早期善临摹。他曾多次拜访项元汴等鉴赏家，在他们的府中观赏珍品，并临摹多本唐宋名家大作。他画技高超，临摹作品可达不辨真假的程度，如《临萧照高宗中兴瑞应图》《临宋人画册》等，都是其临摹的大作。

仇英沿袭了赵伯驹与南宋的院体画风，常以青山绿水为主题，入笔细腻秀雅，设色鲜艳多彩。尽管有人把他的画归类到吴门派中，但他和沈周、文徵明和唐寅在风格上有所不同。沈、文、唐三人善在画面题诗作跋，直接赋予作品文人画的特征，而仇英则是通过笔墨渲染下的闲情逸趣，慢慢散发出文人画的韵味。他的《浔阳送别图》就是这样的作品。

仇英还善画仕女，人物多取材于历史。他下笔流畅，粗细笔并用，描绘人物体态优美，形神兼备，能体现出仕女的不同特点。《明画录》称其所画仕女："发翠豪金，丝丹缕素，精丽艳逸，无惭古人。"

《汉宫春晓图》（图 61）描绘了汉代宫廷中后宫三千佳丽多样的生活状态。画卷从宫廷外景处开始描绘，几棵垂柳矗立在皇宫外，嫩绿的柳叶早已爬满枝丫，与地上的矮丛花卉相互掩映在雾气迷茫的早晨，暗示着春天已经来到。

进入宫廷大门，先是一条护城河，河上漂着片片荷叶，旁边几人指着白鹭高兴地观望。再往里看，就是整个后宫的殿宇楼阁。里边人物繁多，姿态各异，变化万千。有的三两结伴赏花交谈，有的倚栏注视孔雀，有的起舞奏乐，摆谱弄琴，有的在一旁观看，拍手喝彩，还有一名画师正在为妃嫔画像，这个妃嫔就是历史上有名的美女王昭君。除此之外，还有宫女、男侍多名，有的陪伴在主人身旁，有的守在宫门内外，这些人物增强了画面的写实效果。

该画设色典雅艳丽，画工细腻，把人物的样貌妆容、一颦一笑都描绘得惟妙惟肖。仕女们呈现出坐、立、趴、倚靠、瞭望、抚弄、弹奏等多种动作姿态，每一个动作与神情都恰到好处地融合在一起，使人物神采奕奕。再用树石、花木和华丽的装饰加以衬托，一幅如仙境般的画卷就这样呈现出来。

仇英还常以鸟兽、山林、军容、台观、旗辇等为题材，经过仔细斟酌再进行绘制，可达到一种神奇的境界。他的传世作品还有很多，如《桐阴清话图》《捣衣图》《松溪横笛图》《清明上河图》《桃源仙境图》《剑阁图》等，都是明代的杰出画作。张丑在《清河书画舫》中赞扬仇英的画："资诸家之长而浑合之，种种臻妙。"

吴门派掌门沈周

沈周，字启南，号石田，长洲（今江苏苏州）人。他一生崇尚精神自由，不入科举，不走仕途，以吟诗作画、游历山水为乐。

沈周在绘画初期师从家学，后师法于宋代董源、巨然，元代黄公望、吴镇，以及马远、夏圭等绘画名家。他博采众长，学习各画家笔墨用线，能粗细并用，柔中带刚，终自成一脉，称之为“吴门派”。“吴门派”以文人山水画为特点，讲究画中的士人之气。早在沈周之前，就有赵原、刘钰、陈汝言等众多画家偏爱此种画风，直到沈周的出现，“吴门派”便自立门派，并发展壮大起来。

沈周画人物、花鸟、山水无所不能，尤以花鸟、山水成就显著。他画风严谨，用笔秀挺。早年多作小幅作品，中年以后改为大幅，且风格更加沉稳内敛，讲究笔法的遒劲有力，气势的壮丽磅礴。其晚年作品多用笔豪放大气，尽显其浑厚的功力。他的作品《庐山高图》(图62)、《秋林话旧图》、《春山欲雨图》、《沧州趣图》等流传至今。

《庐山高图》从画卷题款上推算，应为沈周41岁时的作品，这正是他人到中年转小幅为巨幅的杰出之作。画卷上题有长诗，是典型的文人山水画。全图由近、中、远三个空间景象构成。近景为青松挺立山岩，中景引出飞流直下的庐山瀑布，与两侧峭壁形成动中有静的互补画面，再往远处眺望就是著名的庐山主峰。沈周用曲线使远中近三景“一脉相连”，高低纵深之感随处

【图 62】　［明］沈周《庐山高图》

彰显，有如身临其境，正如苏轼在《题西林壁》中描述的：“横看成岭侧成峰，远近高低各不同。不识庐山真面目，只缘身在此山中。”

沈周创作该画多采用元代画家王蒙的技法，构图严谨，下笔精细。他强调重叠密集的山体。山峰用解索皴，山冈用折带皴勾勒，先勾再点，用浓淡相间的笔墨晕染，并施以薄雾，山体秀丽壮观、连绵曲折、高大险峻的状态立刻就显现出来。画中树木郁郁葱葱，小草茂盛，突显出南方山林的柔美。小路、山石和人物尽管属于微小之物，他都细心描绘。这种“刚柔并济”的描绘手法把庐山的美毫无保留地呈现出来，更显示出“吴门派”的绘画特色。

沈周在绘画上不但保留了文人画传统，还将南宋的浑厚苍劲与北宋的清新秀丽融会贯通，加上“吴门派”对山水的骨力与气势的重视，使得众多绘画爱好者师法于他。陈焕、宗周、杜冀龙、沈硕等都成为其派系中的一员，而沈周也因此闻名南北，与文徵明、唐寅、仇英等名家合称为“明代四大家”。

【图 63】　［明］文徵明《绿荫草堂图》

江南四大才子

“四绝全才”文徵明

文徵明，初名壁，字徵明，因先世为衡山人，故号衡山居士，世人称他为“文衡山”。文徵明不但精于吟诗写词，在书法绘画上也造诣颇深，被人授予“四绝全才”的称号。他传承了沈周的画风，是继沈周之后另一位“吴门派”名家，与沈周、唐寅、仇英合称“明代四大家”。

文徵明在绘画早期下笔工整细腻，构图严谨。中年时期，笔锋稍有变化，下笔豪放洒脱。这可能与他一生的坎坷仕途有关。文徵明在前半生参加过十次科举考试，没有一次高中。后来经工部尚书推荐，五十多岁才来到京城，任翰林院待诏一职。他在京城任职期间，由于画技出众，名声显赫，屡次受到同僚排挤。四年之后文徵明看破政坛风云变化，提出辞呈。他再次回到苏州隐居，专心研究起书画来。到晚年时期，文徵明的画风再次转变，不但粗细兼并，还能收放自如，达到“文笔遍天下”的境界。

文徵明一生在画艺上孜孜不倦地探索，直至九十高龄还乐此不疲。他先后吸取沈周、赵孟頫、王蒙、吴镇等画家的精髓，博采众长，风格多变，终自成一派。他既善青绿，又兼工水墨，重形似，亦能写意。人物、山水、花鸟、兰竹样样精通，是个不可多得的绘画人才。他一生作品众多，有《横塘诗意》、《天平纪游图》、《吴山秋霁图》、《溪山对弈图》、《绿荫草堂图》(图63)、《江南春图》、《古木寒泉图》等。

《绿荫草堂图》是作者47岁时的作品。该画构图稀疏有致，用广阔的视角描绘了山中村落。中景为开阔的院落，矮丛、树林、茅舍、小桥、石坡相互呼应，再用神形兼备的人物进行点缀，形成静中有动的场面。最前方的角落为依山庭院，中间一棵枝叶茂盛的树木向院外伸展开来。远处为直立的山峰两座，一座稍露边角，一座半山腰处云烟缭绕，此种构图法在不经意间便显示出山体的高大与气势的磅礴，与中景、近景形成鲜明的对比。作者画树石纹理时，多用皴笔，笔墨浓淡与干湿并用。就这样，一幅自然生动、富有情趣的画面呈现在观赏者面前。

晚年的文徵明仍精力充沛。他创作出很多作品，常给人以思考的空间。《真赏斋图》是其88岁时为好友华夏绘制的，描绘了友人别墅“真赏斋”的场景。“真赏斋”为华夏隐居无锡时，为收藏书画珍品，在太湖边修建的一座房子。作者用简洁的构图直接突出主题。左边为太湖的美景，右边是依山傍水的“真赏斋”，房子里人物众多，动作神情各异，有的相对而坐，有的促膝交谈，似乎都在欣赏着主人的奇珍异宝。作者用笔苍劲干练，描绘细密周到。青松、竹林与草屋相互映衬，将清秀静谧的居住宝地呈现在人们面前。

“风流才子”唐寅

唐寅，字伯虎，一字子畏，号六如居士、桃花庵主，吴县（今江苏苏州）人。据说他生于寅年寅月寅日寅时，因此起名为唐寅。唐寅自幼聪颖好学，29岁参加乡试中第一名“解元”。由于会试时受舞弊案牵连，他对仕途心灰意冷，放弃功名利禄归隐家乡，以卖画为生。唐寅才华横溢，诗词书画样样精通，他的绘画更因笔锋俊秀，线条清丽，洒脱多变而受人追捧，名声红极一时。他与沈周、文徵明、仇英并称“吴门四家”，更与祝枝山、文徵明、徐祯卿合称“吴中四才子”。

唐寅早年师从周臣，从老师那里学到宋代院体画的技巧。他把马远、夏圭的笔墨技法，以及李成、范宽等众家所长融入自己的绘画风格中，画工显著提高，并自成一家。他画人物、山水、花鸟样样出彩，尤以山水、仕女最为精美。所画山脉峰峦重叠，峭立险峻，再用小斧皴绘制纹理，令山峰质感立刻突出。他的山水画代表作品有《王鏊出山图》《沛台实景图》《行春桥图》《骑驴归思图》《山路松声图》《双松飞瀑图》等。

《骑驴归思图》是唐寅早期的作品。该图的一笔一画多用到“书法之姿”，下笔遒劲有力，笔墨精美，浓淡相宜。用披麻皴勾画树石，用灰黑相间的色调突显层次，使山体看起来更为圆润丰盈。作者在画面左上角题词，占去大部分空白。尽管内容满盈，却毫无拥挤压抑之感，可见他在把握构图布局方面有很高的水平。

有人说唐寅作画有种“千沟万壑在胸中”的感觉，下笔便能挥洒出磅礴大气之作，这也许和他游遍名川大山有关。放弃科考后，唐寅便离开苏州，从镇江到扬州，从芜湖到庐山，从湖南的岳阳楼再到福建的武夷山，风景优美之处无不留下了他的足迹。他一路上饱览奇峰险石，溪流湖泊，所见一枝一叶一草一木都成为他绘画上的重要材料。长达九个月云游四方的经历令唐寅眼界大开，心胸和境界都提升到了一个新的高度，为日后创作《山路松声图》奠定了坚实的基础。

《山路松声图》也是唐寅的山水画代表作，根据学者推算，该画应作于画家中年时期。打开画卷，一座险峰迎面扑来。松柏枝盛叶茂，蜿蜒盘曲，与山间小桥相互掩映。最下方一处瀑布飞流直入清溪。远处山峦隐约可见，峰峦重重，慢慢消失在云雾中。整幅画给人带来两种视觉感受，上半部分山体挺拔直立，显得雄伟险峻，高不可攀。下半部分的小桥流水立刻把人引入秀丽柔美的感觉之中。这种动静相宜、刚柔相济的构图方式增强了画面的独特韵味。

除山水画外，唐寅还善画花鸟。所绘花鸟形象生动，极富趣味。据说一次，他将作好的《鸦阵图》挂在家中，吸引了百千只乌鸦盘旋在屋顶，不愿

【图64】［明］唐寅《王蜀宫妓图》（局部）

离去，众人皆称奇妙。

《枯槎鸲鹆图》是唐寅花鸟画的代表作品之一。该画用折枝构图法展开描绘。数根古藤盘绕着一棵老树弯曲直上，一只八哥站立枝头仰首高歌。作者用枯笔沾染浓墨画树，在八哥身上层层加墨，羽毛看似更有层次感，条条分明。树叶无勾画，直接用秃笔点染，整根藤条都有微微颤动的感觉。画面构图简练，用笔洒脱，具有超凡脱俗的意境，用“山空寂静人声绝，栖鸟数声春雨余”直接阐述主题再恰当不过。

唐寅画仕女也堪称一绝，所画仕女具有唐代特色，色彩艳丽，体型优美，富有情趣。如《王蜀宫妓图》(图 64)，描绘的是五代后主王衍后宫的四个宫女。她们头戴金钗饰品，身穿五彩长衫，面施粉黛，体态端庄。作者用线挺劲细腻，衣纹处用铁线描绘，面部用“三白法”将人物的额、鼻、下颏三个部位用较厚的白粉染出，再以重彩赋色。一个个高贵华丽、妖娆多姿的宫女形象被活脱脱地刻画出来，实乃高超之作。他的仕女代表作品还有《秋风纨扇图》《李端端图》等。

江南四大才子

“江南四大才子”的故事因影视剧而家喻户晓，这四大才子包括唐寅、祝枝山、文徵明和周文宾。事实上在明代的确有“吴中四才子”，指的是生活在吴中地区的唐寅、祝枝山、文徵明和徐祯卿。可见，除了周文宾是杜撰出来的，其他三人确有其人其事。徐祯卿在科举之后就留在了北京，与其他三人并无多少交集，再加上他英年早逝，后世文人只好杜撰出一个样貌秀美的周文宾来“凑数”。

【图 65】 ［明］董其昌《青弁图》（局部）

“画有南北”董其昌

董其昌，字玄宰，号思白，又号香光居士，华亭（今上海松江）人。因作品“古雅秀润”，被归为“华亭派”。华亭在明代是比较发达的商业城市，很多文人墨客、绘画名家来往于此。顾正谊、黄公望、孙克弘等人的画风都属“华亭派”，而顾正谊是最早开创此派的人，董其昌起初作画也受到顾的启发，后来因为名望与地位皆在顾之上，所以被人们视为“华亭派”的代表人物。

“华亭派”也称“松江派”，派下还有陈继儒、莫是龙等名家，他们与“吴门派”的画风在某种程度上类似。从唐志契在《绘画微言》中写的“苏州（吴门派）画论理，松江（华亭派）画论笔”可以看出两派的区别。而董其昌的作品则更能体现“华亭派”的特点。

董其昌出身于官宦家庭，34 岁中进士，从此开始了他平坦顺畅的仕途生涯。他当过编修、讲官，后来官至南京礼部尚书、太子太保等职，不但在官场平步青云，且“执艺坛牛耳数十年”。董其昌才华横溢，文思敏捷，禅理、诗文、书法、鉴赏无所不通，其在绘画上也造诣颇高，可称为“四方之才”。

董其昌师法于黄公望与董、巨二人，善画山水画。他的作品柔和温婉，清爽秀美，能给人带来美好的感受。水墨画中的浅绛山水是他时常涉及的一种风格，青绿山水也有涉及，但不常见。董其昌非常重视传统技法，常以临摹古画代替创新。人们对他这种“闭门摹古”的方式持不同态度。有人认为他仿古而不泥古，在笔墨运用上有其独特创意，是能够推陈出新、自成一家的人。还有人认为董其昌太过重视传统技法，无法突破自我，导致笔墨层次不均，气势不足，略显死板。

董其昌除临摹古画外，也创作出不少作品，流传至今的有《江干三树图》、《疏林远岫图》、《秋兴八景图》、《昼锦堂图》、《青弁图》（图65）等。

《青弁图》是董其昌传承古法的代表作品。该图并不是对青弁山景观的真实呈现，而是董其昌集众家笔墨画法，吸收酝酿，再创新而成的脱离现实的山水作品。画中高大的山体由几个独立凸起的山石堆积而成，山间无小路连接也无山谷隔离，呈密集趋势。作者用笔墨轻重造成的阴影来体现山体蜿蜒扭转的走向，给人带来一种新鲜奇特的视觉效果。这种山水布局多处用到书法起落笔的走势。图中有大部分留白，更能突出山体走势。山顶处的白云缭绕与山腰间的重墨松林遥相呼应，虚实形成鲜明对比，使景物显得更加浑厚。

董其昌的作品重在笔墨气势，突显文人画的特征，他的风格影响了后来的王时敏和朱耷。沈士充等人也认同他的观点，并和他保持着一致的画风。

南北宗论

董其昌有一部专门论述山水画的著作《画旨》。其中的“南北宗论”将唐至元代的绘画发展按画家的身份、画法、风格分为两大派别：以唐代李思训父子创立的青山绿水为北宗，是行家画（职业画）；以王维创立的水墨山水为南宗，是文人画。他进而提倡文人画的南宗，而贬抑行家画的北宗。这一分法对元末及整个清代的绘画产生了负面影响，制造了不必要的矛盾。

狂士徐渭

明代花鸟画画家中，有一位承前人花鸟画风，并大胆创新，完成了水墨写意花鸟画的变革者，这个人就是徐渭。

徐渭，初字文清，后改字文长，号天池山人、青藤道士，山阴（今浙江绍兴）人。他自幼聪明，才华出众，既通晓军事兵法，又善诗文书画，还是一位有名的剧作家，但其一生命运坎坷，贫困潦倒，并没有因为出众的才艺就平步青云。他自幼无父无母，长期一人在外谋生，长大后参加了八次乡试都未能中榜，导致精神抑郁失常。一次不小心杀妻，被送入大牢，曾多次想以自杀了结性命，却始终不能如其所愿，只好凄凉地过完此生。

他胸怀大志而不得施展，因此个性也就变得放荡不羁。他把这种个性带到作品中来，更表现出其痛恨世间不平现象的心态。

徐渭的花鸟画风格接近吴门派，又吸取林良之长。他不为传统所束缚，敢于革新，创造出写意花鸟的新画风。他用大写意作花卉，把强烈的主观情感赋予花卉作品，直接抒发自己愤世嫉俗的心境。

徐渭善用狂草书写花卉，达到“乱而不乱”的境地。他下笔挥洒自如，淋漓畅快，只通过那种不经意，就可看出微妙飘逸的感觉，这正是气韵的体现，也是对其悲愤情感的表达，正如他自己说的，画梅“从来不见梅花谱，信手拈来自有神。不信试看千万树，东风吹着便成春”。

徐渭的作品大多是酣畅淋漓、气势豪放之作，把写意花鸟画推向了一个

【图 66】 ［明］徐渭《墨葡萄图》（局部）

更高的境界，他的代表作品有《墨葡萄图》(图 66)、《杂花图》、《墨花图》、《牡丹蕉石图》等。《杂花图》中画有梧桐、芭蕉、梅花、水仙等十多种花草，下笔如狂草，洒脱奔放，势不可挡。《墨葡萄图》上画有一串串野葡萄，掩映在墨迹斑斑的葡萄叶下。作者画葡萄叶，用笔肆意纵横，随意书写，就像点点泪痕般挂在枝头，这也有如作者的内心一样，伤痕累累，只好痛快淋漓地挥洒笔墨，来平复心中的怨恨。

徐渭的大写意花鸟在绘画领域独树一帜，成为后世众多学画者的楷模，近代画家齐白石也受其画风影响，称："青藤（徐渭）、雪个、大涤子之画，能横涂纵抹，余心极服之，恨不生前三百年，或为诸君磨墨理纸。诸君不纳，余于门之外，饿而不去，亦快事也。"

既怪又俗陈洪绶

晚明时期有一位画家在人物画上颇有创意，他就是陈洪绶。

“南陈”指陈洪绶，字章侯，号老莲，浙江诸暨人。据《陈洪绶传》记载，他 4 岁时就能画十尺多长的三国将军关羽像，10 岁时即可用笔墨作画。一位老画家感叹说：“使斯人画成，道子、子昂均当北面，吾辈尚敢措一笔乎？”

因师法于蓝瑛，陈洪绶早期的山水画处处显示出蓝瑛的“武林派”风范。他潜心研究古人画风，以李公麟的人物画为楷模，用线下笔遒劲细腻，作品带有很重的李公麟画的痕迹。后来他又吸取钱选与赵孟頫的绘画特点，加以历练，画风有了很大改变，形成了自己的独特风格。

陈洪绶作画简洁，注重人物形象的处理。他用夸张的造型和内敛的表情，突显人物的内在气质。他还把几何图形融入绘画，使得人物衣纹线条细腻，极富装饰性。周亮工说，陈洪绶的画虽怪诞，但“不知其笔笔皆有来历”。他的人物画代表作有《陶渊明故事图》(图 67)、《雅集图》等。

《陶渊明故事图》是作者于晚年时期创作的。陶渊明为东晋人士，他放弃功名利禄，隐居“世外桃源”，不畏权贵，自恃清高，只求从宁静的自然中探索生活最本质的趣味。该图用十一个片段记录了陶渊明的生活轶事，每个片段都有单独的主题，分别为：采菊、寄力、种秫、归去、无酒、解印、贳酒、赞扇、却馈、行乞、漉酒。作者用古法安排人物主次，重要人物用大图，次

【图 67】　［明］陈洪绶《陶渊明故事图》（局部）

要人物用小图。人物表情描绘夸张，显得生动有趣。衣纹勾画细腻，更有飘逸流畅之感。卷末的题款表明该图是为周亮工所作，周亮工是陈洪绶的好友，明灭亡后为清朝统治阶级效命。陈洪绶对他的行为很不齿，于是作《陶渊明故事图》，借机规劝好友过隐居乡野、与世无争的生活，可见其良苦用心。

陈洪绶独特夸张的画风对世人影响很大，他的儿女陈道蕴与陈字追随其后，此外还有很多弟子，如严湛、丁枢、魏湘、沈五集等人，他们都深受陈洪绶的影响。

愤世嫉俗的八大山人

朱耷，号八大山人、个山等，江西南昌人，精通诗文、书法、绘画，绘画成就最为突出，被称为“中国画一代宗师”。他画山水师法董其昌，画花鸟沿袭陈淳、徐渭之风，多以水墨写意为主，笔墨凝练，造型奇妙。

朱耷本是明朝皇族后裔，19岁时父亲去世，为保全自己，他装聋作哑、隐姓埋名，藏身于空山之中。他内心一度悲愤压抑，时常借景抒情，以画解忧，怀念已亡的明国。从60岁起，朱耷作画开始用“八大山人”署名。他把“朱”姓拆为“牛”和“八”两字，并用“八”字为署名开头。他落款时常奋笔连写“八大山人”四字，从纸上看来就像“哭之笑之”字样。这也暗指江山易主后，他哭笑不得、内心难平的心情。

朱耷作画有一种另类的奔放。他画鱼、鸭，常“白眼向人”，画鸟用墨不多，有难以接近、一触即飞之感，这都和他的性格有很大关系。朱耷性格奔放，愤世嫉俗，据说30岁左右时常饮酒。有时喝醉，大笔一挥就开始作画，一画就十幅有余，无论高低贵贱之人，谁来索画，他都赠送，但清朝权贵除外。

朱耷的画风大致可分为三个时期，每个时期皆有不同表现。他在绘画早期，多以瓜果蔬菜、花卉树木等为题材，画工精致，下笔遒劲，完成后用“个山”“人屋”等署名。到中年时期，作画题材有所改变，常画禽鸟鱼虫，面部为椭圆形，上部宽，下边细，嘴和眼睛多呈方形，外形夸张奇特。其晚

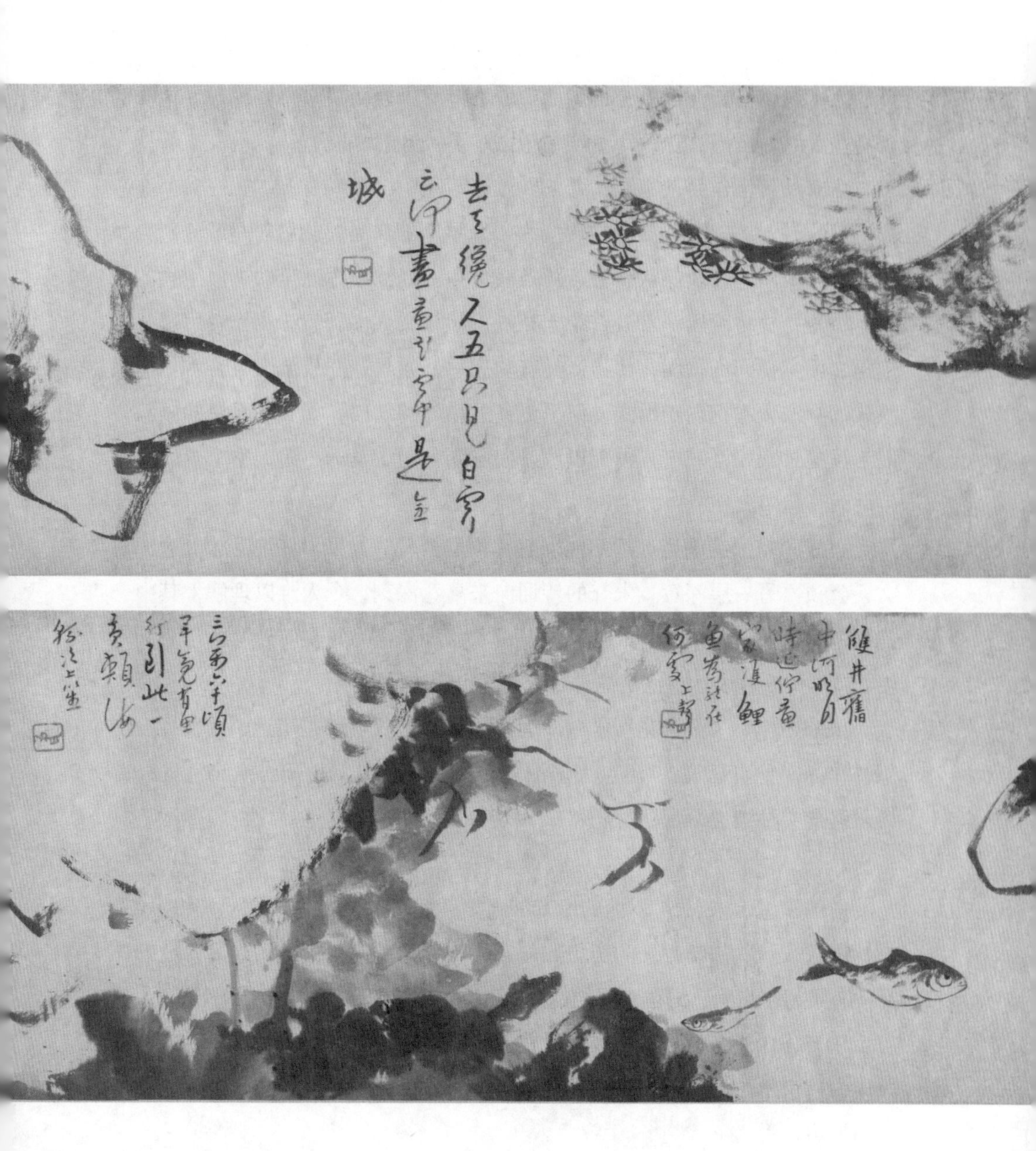

【图68】　［清］朱耷《鱼石图卷》（局部）

期的艺术风格已走向成熟，构图简练，下笔有力之余更显朴实浑厚。他画的鸟有些看似倔强，触碰不得，有些则表现出内心刚强的状态。

朱耷的传世作品有《水木清华图》、《荷鸭图》、《鱼石图卷》(图68)等。

《鱼石图卷》，从风格上推测应为朱耷早期的作品。从右向左看分别为一座横着的山崖、一块蝶状石块、两条鲤鱼和一处泼墨挥洒出的类似植物的景观，每两景物之间用一首五言绝句相隔，颇具文人书画意味。作者用精练的笔墨、虚实相间的构图，使物体具有动态感，颇具空间凝聚力。再看他那泼墨式的画法，不拘泥于形式，似乎更突显物体的动向，如蝶状石块的倾斜方向与泼墨景观相互照应，再配以两条向不同方向游动的小鱼，整个画面立刻生动活泼起来。

单看画家的绘画还远远不能理解其深层含义，如果再仔细品味上边的诗文，会领悟另一层深意。朱耷的诗词向来寓意深刻，令人难以理解，其中一首题诗“双井旧河中，明月时延伫，黄家双鲤鱼，为龙在何处”就是对画家内心情感的一种表达，也是他对往昔美好生活的怀念。

朱耷还作有《甲子花鸟册》《瓜月图》等画，这些都是用诗解画、抒发情感的作品。他自己说：“墨点无多泪点多，山河仍是旧山河。横流乱世杈椰树，留得文林细揣摹。”只需一句“墨点无多泪点多”，就足以说明他的绘画特色。

总的来说，朱耷57岁前的所有书画作品都倾向于借书画传达一种遗民思想，再融入一些佛学哲理和历史典故来体现自己的高尚气节。之后，他的作品便有了超越自我、勇往直前的精神。

朱耷作画超凡脱俗。虽在当时仅有牛石慧、万个等人效仿其法，但其画风成为后世学习的楷模。直到现代，齐白石、张大千等著名画家也曾受到朱耷的影响。

“苦瓜和尚”石涛

石涛，本名朱若极，号苦瓜和尚、大涤子等，曾居广西全州，晚年定居扬州。

石涛早年作画能博采众长，他吸取元宋两代画家的精髓，加之自己的理念，形成独具特色的一派。石涛善画册页小品，人物、花卉不在话下。石涛还热爱游山玩水，足迹遍及多处名山大川，如黄山、华山等地，可谓“搜尽奇峰打草稿”，这更为其创作山水画提供了素材。他下笔洒脱，纵横驰骋，画作秀美润泽，一笔一画，都收放自如，张弛有度，充满灵动之趣，再掺进那淡淡的苦涩，有一种天然的“苦瓜韵味”。《大涤子自写睡牛图》就是这种特殊韵味的表达。画中，作者自己骑在牛背上，表明对故国念念不忘，也感慨自己一生的苦痛经历。画中还有一首自题诗：“牛睡我不睡，我睡牛不睡，今日请吾身，如何睡牛背。”更是其情感的表达。

石涛以构图新颖见长，他用独特的“截取法”做特写描绘，虽然只呈现局部，但也表达出完整的意境。无论是山水、云雾，还是枯枝寒鸦，都能新颖布局，就算有远近高低之分，也能显出超凡脱俗的新意，给人带来视觉上的冲击力与新鲜感。

石涛注重“点”的作用，他认为“点有风雪雨晴四时得宜点，有反正阴阳衬贴点，有夹水夹墨一气混杂点，有含苞藻丝缨络连牵点，有空空阔阔干燥没味点，有有墨无墨飞白如烟点，有如胶似漆邋遢透明点”。他在草丛中用

【图69】 ［清］石涛《枯木竹石图》（局部）

重墨洒落苔点，画面立刻有浓郁深幽之感，也体现出一种豪放的美感。

除画山水出众外，石涛还擅长画花卉墨竹。画中物体不拘泥于形式，清润淡雅，直抒内心情感。他作的《梅竹图》、《墨荷图》、《枯木竹石图》（图69）等是其风格的最好体现。

石涛还著有《苦瓜和尚画语录》一书，阐述了对山水画的认识，其中很多著名理论，如“借古以开今”“我用我法”和“搜尽奇峰打草稿”，都是他的独特见解。

苦瓜和尚

石涛知名，不仅因为画艺出众，还因为他酷爱苦瓜。他有两个怪异的别号“苦瓜和尚”“瞎尊者”。对于这两个别号的意思，有人猜测石涛是为了明志——他的内心就像苦瓜一样，外表青翠、内里朱红；而“瞎尊”暗指失明，即失去明朝之意。石涛餐餐必吃苦瓜，甚至还要向苦瓜行朝拜礼。

他对苦瓜如此执着，或许因他有如苦瓜般苦涩的经历。石涛为明代靖江王的后裔，朱享嘉之子。明朝灭亡，清朝统治中原，父亲也死于战乱。石涛被迫到处逃亡，过着四处奔波、颠沛流离的生活。他先后辗转广西、江西、安徽、江苏、浙江、陕西、河北等地，直到晚年才安定下来。

正统大家“四王”

中国清代画史上有王时敏、王鉴、王翚、王原祁四人，他们的画风均受董其昌的影响，画技非常精湛。四人爱好临摹古画，又因皆姓王，所以被称为“四王”。

“四王”是一个著名的绘画流派，其中又按地域分为“虞山派”和“娄东派”。他们给清代山水画带来的影响甚广，之后又出现了“小四王”和“后四王”等流派。

“四王”的山水画倾向于摹古，有受传统拘束、不能推陈出新的弊端，但他们一直秉承“摹古逼真便是佳”的观点，作画时不添加个人特点，有时让人难辨真伪，这也说明了他们高超的画工。

王时敏，字逊之，号西庐老人，江苏太仓人。他出身于官僚家庭，家中收藏画家名迹众多，因此在临摹古画上比别人更有优势。年少时期的王时敏“每得一秘轴，闭阁沉思”，潜心研究宋元两朝的名迹。他一心临摹黄公望的山水，后又受董其昌的影响，把全部精力都放到了传统画作的研究上。

王时敏是“四王”之首，也是“娄东派”的代表。他的画作在构图、布局、运笔、用线、设色等方面都达到了较高的水平。他能把古人的笔墨技法融入自己的作品中，被誉为“苍秀高华，夺帜古人”。同时，以他为首的“娄东派”也在画坛中占有一席之地。

《南山积翠图》就是王时敏用古人之法创作出的作品。从题款来看，该图是王时敏为人贺寿之作。近景为几株青松屹立山坡，意为“寿”；中远景为层层连接、峰峦重叠的山脉，山腰轻烟环绕，山林茂盛，白色瀑布飞流直下，消失在山谷，茅舍庭院掩映在山林中。这苍松配高山，可见“寿比南山”之意。

王鉴，字玄照，后改字元照，号湘碧，江苏太仓人。因与王时敏同为太仓人，所以也属“娄东派”。

王鉴出身于书香门第，是明代文学家王世贞的曾孙，家中丰富的名迹收藏，为其摹古学画提供了便利。他作画师法于黄公望，并吸取董源、巨然、吴镇等众多前辈的优点，风格上与王时敏极为接近，但笔锋比王时敏略显朴实，再融入沈周与文徵明的清润画风，所作青绿山水清淡典雅而不失妩媚，细密润泽而不失清朗，是超凡脱俗之作。

王鉴的作品多为摹古之作，主要有《长松仙馆图》《仿王蒙秋山图》《仿董源秋山图》《仿赵大年春景》《仿黄公望烟浮远岫图》等。

王翚，字石谷，号耕烟散人、清晖主人等，江苏常熟人。他出身于绘画世家，祖父、父亲都爱绘画。受家庭熏陶，王翚从小与绘画结下了不解之缘。他在传承家学的基础上，师法于“四王”中的王时敏和王鉴，画艺出众。因其为常熟人，而常熟有虞山，王翚的画派也被称为“虞山派”，他还有“清初画圣”之美称。

王翚作山水画博采众家之长，既能沿袭南方风格，也能兼顾北方技巧，他学黄公望与王蒙的书法运笔，再钻研巨然、范宽的构图，将这些名家的特长完美地结合起来，创造出一种笔墨润泽、画面生机勃勃的山水画风格。

虽然王翚的摹古之作得到很多称赞，但也有人说他的作品“只得摹古之功，而未尽山川之真”，说明他过于沉醉于学习古人，已经被古人的技法束缚，但有些画作还是能体现其长处的。王翚的代表作有《康熙南巡图》《秋山萧寺图》《虞山枫林图》《秋树昏鸦图》等。

王原祁，字茂京，号麓台，江苏太仓人，属于“四王”中的“娄东派”。王原祁在“四王”中年龄最小，成就却最大，有一首诗是这样夸赞他的：“百余年来写山水，三王之后推司农（王原祁），千秋绝艺一家擅，独辟画苑开榛丛。”

【图70】　[清]王原祁《仿黄子久设色山水》(局部)

王原祁沿袭黄公望与董其昌的画风，还受到王鉴的指导与点拨。他常临摹五代和元代的绘画作品，作画时喜欢先用笔由稀疏至浓密勾画，再用墨从清淡向浓重层层晕染，画面干湿相间，皴、点、擦并用，有天然浑厚之感。他认为作画“不在古法，不在吾手，而又不出古法吾手之外。笔端金刚杵，在脱尽习气”。

王原祁的作品多以临摹为主，传世作品有《仿黄子久设色山水》(图70)、《仿高房山云山图》和《仿黄公望山水图》等。

王原祁不但擅长作画，还在任书画谱馆总裁期间与王铨、孙岳颁、宋骏业等人耗时三年，共同编写完成大型书画书籍《佩文斋书画谱》100卷。该书堪称中国第一部绘画宝典，为后世学习书画提供了很多珍贵的资料。王原祁也因此受到康熙皇帝的赏识，名气越来越大，很多学生都追随他，逐渐形成独立的一派。

西方绘画之初体验

清代宫廷中不设翰林图画院，而设置画院处、如意馆等场所，进行宫廷绘画事务的管理。

清代宫廷也吸纳了一些外国画家，如郎世宁、王致诚、安德义等，他们不但学习中国传统绘画，也把西方画艺带到中国，留下了很多“中西合璧”的作品。他们也带出了一批“学生”——宫廷画家焦秉贞和他的弟子就学到了郎世宁绘画中的透视法与光线处理法，在作画过程中能着力体现房屋透视感与物体明亮感。

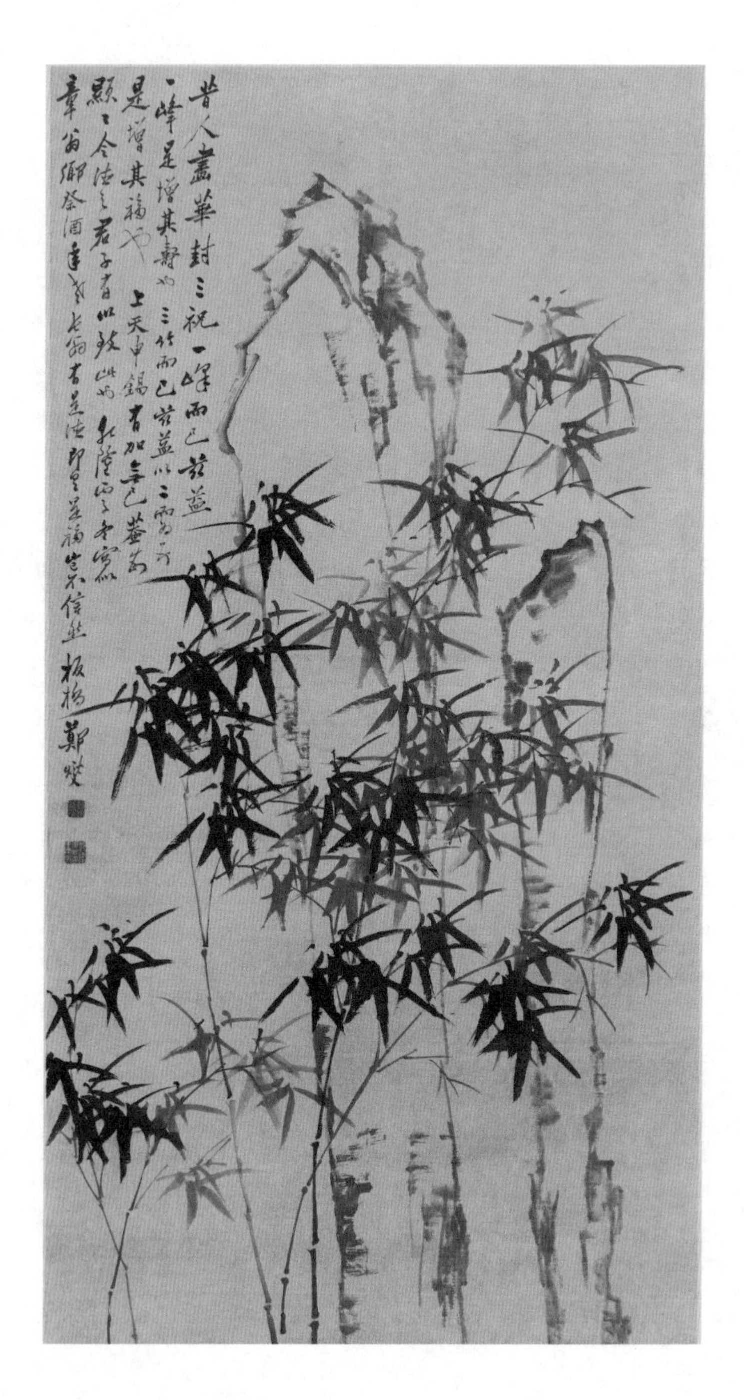

【图 71】 ［清］郑板桥《竹石图》

扬州八怪

“胸无成竹”郑板桥

郑燮，“扬州八怪”之一，字克柔，号板桥，江苏兴化人，诗词书画样样精通，作画善以兰、竹、石、松、菊为题材，而画兰竹五十余年，成就最为突出。他师法于徐渭、石涛、八大山人等古代名家，学古而不泥古，潜心研究与创新，终自成一家。

郑板桥作画讲究独创与多变，用书法之笔入画，画面有硬朗之感，被秦祖永称赞为“笔情纵逸，随意挥洒，苍劲绝伦”。他的这种作画特点与个人仕途生涯不无关系。他位居官场十年，目睹官场的种种黑暗与人情冷暖，他的“立功天地，字养生民”的心愿一直不得实现，后来产生隐退归田之意。61岁时他终辞去官职，到扬州以卖画为生。

他把这种对现实的不满全部抒发于书画创作中，“不仙不佛不贤圣，笔墨之外有主张”的思想也就愈发鲜明。他三日不动笔，心中的郁闷之气就无处宣泄，因此他的画“横涂竖抹，未免发越太尽，无含蓄之致”“画格虽超，而画律犹粗”，也就是说他的画外在精美，而内在粗犷，与他“出淤泥而不染”的个性正好相符。

郑板桥在画竹上与文同的“胸有成竹”理论也有所不同。他认为“凡吾画竹，无所师承，多得于纸窗粉壁日光月影中耳”，眼先看到竹，胸中有了竹，再用手转化为纸上之竹，就相当于经过一段从审美到成像再到输出完成的过程，这一过程必将经历一段时间，心中的竹的形象也会随着时间的流逝或多或少存在遗漏，不可能完整如初地呈现在纸上。因此他强调“胸中无竹”，要根据时间、地点、心态等自动调节，随机应变，才能创作出气势非凡的竹。

郑板桥最有名的作品《竹石图》(图 71）就是用“胸无成竹”的理念创作而成的。尖峭直耸的山石前，几枝细竹摇曳生风。竹子根根纤细，节节挺拔，枝叶茂盛，千姿百态。竹叶有粗有细，有长有短，有平行，有竖直，每片都呈现出不同姿态，表现出阴阳向背的不同颜色。这些竹叶相互交错，别有一番意境。画面上还有题诗一首，与巨石纵向平行，这种构图显得标新立异，把翠竹、巨石、题诗三者的关系处理得恰到好处，既各自分明，又相互衬托，工整中显现出一种挺拔之美。

爱吃狗肉的郑板桥

郑板桥个性豪放率真，因此卖画之时也发生过很多趣事。相传他的画在扬州备受追捧，找他求画的人很多。板桥卖画认人不认钱，看着合意的人动笔就画，看到一些暴发户或是商人，即使高价求画，他也不卖，甚至还要骂人。很多人对他的做法不理解，认为他是脾气怪异之人。有一次，一帮豪门官吏想请板桥作画，他们都知道板桥不是靠金钱就能打动的，因此借其郊游之际，在路上煮他最爱吃的狗肉作为款待。板桥看到狗肉极为开心，立刻开怀畅饮，大吃大喝。吃饱喝足，主人请其作画留念。板桥丝毫没起疑心，为表感谢，提笔挥墨即作画一幅。后来在一次宴会上他发现自己的画作，方知自己因嘴馋而上当受骗，懊恼不已。这表明他不愿向趋炎附势之人低头的态度，可见其性情的与众不同。

有“师徒缘”的金农与罗聘

金农与罗聘同为“扬州八怪”行列中人，金农为“八怪”之首，罗聘为“八怪”中最年轻的人物。罗聘曾拜金农为师，向其学习画技，金农也对罗聘赞赏有加。他们这对师徒在绘画艺术上虽为传承关系，但各自都保留着自己的特点。

金农，字寿门、吉金，号冬心先生，浙江仁和（今杭州）人。他天资聪颖，早期在学者何焯家学习，结识了众多有才之人，因此学识也与日俱增。一次入京应试未中，信心受挫，随后便开始了云游四方的生活。

金农游历的脚步遍及全国各地，当他感受到了名山大川的美好，便再无仕途之心，而是潜心学习作画。由于其才华横溢，有书法功力，又因其游遍风景名迹，心胸和眼界都达到很高的水准，很快就在绘画上显山露水，开辟出了自己的一条道路。

金农善画人物、山水、佛像、马、竹、梅等。他画马得曹霸、韩幹之法，“苍苍凉凉，有顾影酸嘶自怜之态”（图 72）。

金农画梅最为出众。他师法于葛长庚。所作梅花，花繁叶茂，团团紧簇在枝头，散发出旺盛的活力，显得古朴典雅。他称自己画的梅为“江路野梅”。

金农还善画竹，沿袭了文同的画竹笔锋。他画的山水、花果也别有新意，“非复尘世间所睹，盖皆意为之”。他的传世作品有《月华图》《携杖图》《东萼吐华图》《墨竹图》等。

罗聘，字遯夫，号两峰，别号花之寺僧，祖籍安徽歙县，后迁居江苏甘泉（今扬州）。

罗聘自幼聪明伶俐，勤奋好学，读书有过目不忘的本领，但因家境贫寒，他把读书学画看成一种养家糊口的方式，于是他在 24 岁时便向金农拜师求艺。

说起罗聘与金农的师徒渊源，还有一段小故事。相传金农画艺高超，经

【图 72】 [清] 金农《番马图》

常指点罗聘作画，罗聘早有拜其为师的念头，但碍于家境贫寒，送不起拜师礼，就一直没敢草率行事。在妻子方婉仪的鼓励下，罗聘终于鼓起勇气，他想到一个好办法——自创一首诗赠予金农，金农看后十分高兴，真的收下罗聘为徒。

罗聘作画非常有天赋，既能画人物、佛像，也能画山水、花卉。画作构思特别，意境清幽，笔锋独特，设色典雅，年纪轻轻画名就传遍扬州。据说金农在画作供不应求时，就找罗聘来代笔，最后再署上“师生合作”几个字。相传金农的画作中，越是上等之作，越有可能是罗聘代笔完成的。可见罗聘绘画技术高超，与师傅相比有过之而无不及。

中年时期，罗聘曾在京城卖画。那时京城的文人墨客流行谈论鬼怪故事。受到这种风气的影响，罗聘也创作出十分有名的《鬼趣图》。《鬼趣图》共有8幅，每幅描绘了不同面目的鬼，有的道貌岸然，有的丑陋奇异，有的身形怪异，有的面目可憎。它们的行为也各不相同，有的匆匆前行，有的扶杖据地，有的追逐市民，有的捧钵倒酒，总之是非常阴森恐怖、诡异离奇的。

罗聘创作该图时做法异于常人，据道光年间的学者吴修记载，他先把纸张润湿，再挥笔施墨，水墨晕染效果被发挥得淋漓尽致，神秘阴暗的气氛自然就呈现出来。而且画面用线简练，没有粗细的变化，只是简简单单的勾画，鬼怪轮廓就清晰可见。这种画法也是其本人怪异行为的一种体现，正如吴锡麟说的，罗聘是“五分人才，五分鬼才”。

【图 73】 年画《老鼠娶亲》

木版年画

清代的木版年画（图 73），继明代之后有了更加广阔的发展前景，清代成为木版年画最繁荣昌盛的发展时期。年画的题材变得多种多样，内容也越来越丰富。全国各地相继出现许多带有浓厚地方特色的年画的印刷中心，生产与销售能力与日俱增，苏州桃花坞、福建泉州、河北武强、广东佛山、天津杨柳青、陕西凤翔等地都有很多年画铺，专门出售当地年画。

苏州的桃花坞年画在雍正、乾隆年间达到鼎盛时期。桃花坞位于今江苏省苏州市北边，这里的木版年画采用套色木刻的方式，每年生产量达数百万张。内容分为祈福喜庆、风俗故事、驱鬼辟邪、戏剧故事等几种类型。每种题材的画幅分大小不同尺寸，大的达四尺多高，小的只有三五寸，甚至可以贴到鸡蛋上，其中戏剧故事年画一般为横幅。这些年画以紫红、大红为主色调，表现喜庆欢快的气氛，其他颜色还有绿、黑、黄、蓝等。年画色彩艳丽，具有很强的装饰性。画面构图均匀对称、色泽饱满，人物造型带有浓重的民间风格，深受社会上劳动者的喜爱。

桃花坞年画在清代时期经历了三次风格上的转变。早期的年画在绘画手法上趋向于宋代院体绘画、明代界画与文人画的风格，画仕女、花卉等多用立轴和册页的构图形式。到了雍正至乾隆年间，西洋的铜版雕刻风吹到中国，年画在苏州地区的风格开始变化。这时的年画多采用西方的焦点透视法描绘，在色彩上更加强烈，明暗对比效果突出，墨色变化较为显著。画面上还题有

“仿泰西笔法”等字样，《陶朱致富图》《三百六十行》《西湖十景》《山塘普济桥》等都是风格转变后的代表作。到乾隆以后，传统技法的年画又回归江南。此时的画面用线更显遒劲，色彩也更加明亮艳丽，相比之前显得更为明快朴实，这些特点在《五子登科》《荡湖船》《庄子传》等作品中均有体现。

杨柳青位于天津西部，那里商铺林立，贸易繁荣。“戴廉增”与“齐健隆”是两家最早开设在那里的年画铺，之后，“爱竹斋”“万顺恒”“盛兴”“增顺”等画铺相继开业。年画铺的字号一般以人名命名，这些人以前可能是画工，后来就自己开了画铺。大点的画铺都会雇用很多工人，这些工人各有分工，有的绘制，有的雕刻，有的染色，有的印刷，他们形成了一个庞大的年画制作与销售群体，在杨柳青地区形成特色市场。

杨柳青年画的题材广泛，有风景花卉、历史故事、神话故事、风情习俗、娃娃等，而最有名的要数娃娃系列。这些娃娃脸盘圆圆，身子胖胖，身穿红色肚兜儿，颈戴铜项圈，有的手里拿着莲花，有的怀里抱着鲤鱼，还有的四周放满莲藕，带有典型的中国特色。每个娃娃都显得活泼好动，有趣可爱。年画中的娃娃象征着吉祥如意、生活美好，他们手中的物品也都有吉庆有余的意义，因此深受欢迎。还有一些年画以门神、财神为题材，或画有张飞、关羽、罗成等古代人物。通常贴在门上的年画也叫门画，代表作品有《庄稼忙》《嬉叫哥哥》等。

山东潍坊的杨家埠年画在风格上与杨柳青和桃花坞的年画相似，都带有浓厚的乡土气息和民俗风情。但杨家埠年画的形式多种多样，按张贴位置不同可分为窗顶画、窗旁画、大门画、屋门画和炕头画等。画面多用红、黄、绿、紫等色彩，配以简洁有力的线条、饱满圆润的构图，极为生动地展示出当地的民俗特征。

杨家埠年画在乾隆年间发展到鼎盛时期。年画铺开遍大街小巷，多达百千家。店铺内年画的种类更是多种多样，每年销往当地与河南、河北、安徽、山西等多个省市的年画高达千万余张，名声远播在外，与杨柳青年画、苏州桃花坞年画不相上下。

除以上三个最大的年画产地外，佛山木版年画也很有名气。佛山木版年画内容丰富，体裁多样，多以朱红、大红、黄、绿为主色。在上色之前先用“丹色”打底，“丹色”就是日出的颜色，这是佛山版画最大的特点，其好处就是无论风吹雨打，都鲜艳如新。画面一般用粗犷简洁的线条绘制，构图比较饱满，又无拥挤之感，色彩相对比较鲜艳，带有很强的地域特色，是清代木版年画中比较有代表性的。

年画

年画是中国特有的一种民间美术，产生于汉代，发展于唐宋，当时称“纸画”，盛行于明清。“年画”一词直到清朝光绪年间才确定下来，并沿用至今。

木版年画的制作一般需要6个步骤，依次是起稿、刻版、印刷版样、配色、套印和开脸。

起稿时，画师首先要选定题材、内容。画出初稿后再经过反复修改，才能定稿。定稿先用白描法画在毛边纸或薄绵纸上，再画出一张色彩稿和几张分色稿。刻版时，刻版师傅会将画稿反贴在木版上，依样刻出线条式的套版，随后印制版样。配色用的墨汁由上等烟灰与面浆调匀，还得放置一个月。而其他颜色则通常用国画颜料。配色完毕后，就需要用色版套印，一版一色，一幅年画通常需要套印五六次。最后是开脸，就是给年画上的人物画眼睛、描眉毛、敷粉等。

第六章

西学东渐，老树发新芽

（1840—1949 年）

1840 年以后，帝国主义用坚船利炮打开中国的大门，西学之风渐起，西方艺术思潮也随之涌入国门，为国画带来生机，并产生了一大批融汇中西的近现代国画大家。

【图74】 ［清］任熊《范湖草堂图》（局部）

海上三任

任熊、任薰、任颐三人为亲属关系，他们因画技出众、画风独特而成为“海上画派”的代表人物，并合称为“海上三任”。

任熊，字渭长，号湘浦，浙江萧山人。自幼在父亲任椿的熏陶下，与绘画结缘。他先跟随乡村师傅学作画，后在宁波流浪时期偶遇著名画家姚燮。他跟随姚燮在“大梅山馆”学了一段时间后，便深得绘画精髓，成为一名全能的画家。

任熊作画取法于陈洪绶，人物、虫鱼、花卉、翎毛、走兽、山水科科在行，样样精通。他早年潜心临摹古画名作，一遍不满意则再来一遍，甚至通宵达旦，直到临摹出与真迹不相上下、难辨真伪的作品为止。在向姚燮学艺期间，他更有机会饱览与临摹宋元明清众多大家名流的绘画作品。他博采众长，潜心研究，终于总结出自己的一派特色。

任熊的传世作品有《姚燮诗意图》、《自画像》、《列仙酒牌》、《洛神图》、《范湖草堂图》(图 74)、《四季花卉图》等。

《范湖草堂图》可谓任熊代表作中的精品。画中描绘了山石小路、荷塘池沼、亭台楼宇、山坡丘陵、仙鹤飞舞、野鸭戏水、松柳交会、鸟语花香等一系列既有诗情画意，又有生活情趣的景观。画家作此画在手法上融众家之长，有历朝各代青山绿水画的痕迹。他又能别出心裁，自行创新，用重彩设色，用大面积青石色晕染树叶，天空和湖面都留白，山石颜色淡设色，下笔流畅自如，笔锋细腻入微，布局安排得当，对比鲜明，整幅画面富有强烈的江南生活气息。

任薰是任熊的弟弟，字舜琴，又字阜长，出生于绘画世家，自幼受家庭熏陶、兄长教导，很早就在画界崭露头角。他的传世代表作品有《簪花饮酒图》《出征遇仙图》《仙山楼阁图》《天女散花图》《松鹤图》等。

《仙山楼阁图》是任薰采用赵伯驹的界画用笔创作而成的。画面构图严谨，层次布局富于变化，所画亭台楼阁细致工整，树叶用石青、石绿重彩设色，树木先用墨笔勾勒出轮廓，再以色彩填充。为突出仙山的意境，作者还用金线勾画叶子，使画作更显得高贵典雅。

任颐是任熊与任薰的弟子，初名润，字伯年，浙江山阴（今绍兴）人。他画人物、山水、花卉、肖像、禽鸟无所不能，尤以人物和花鸟画最为著名。

任颐画花鸟取法于朱耷、徐渭等人，能自成一家。他常用花朵作为背景，突显鸟的神态，再吸取恽格的没骨法，加之清秀的笔锋、明快的格调，那种诗情画意的感觉自不必说。任颐的画在色调上常呈现两种风格，一种清新淡雅，一种亮丽鲜艳。现存花鸟作品有《黄花红叶》《芭蕉绣球》《池塘睡鸭》等。

任颐是“海上三任”中成就最大、贡献最突出的画家。他不但继承了中国绘画的传统，还吸收了西方绘画的技巧，他的作品对后世有很大的借鉴意义。

“诗书画印”吴昌硕

吴昌硕，初名俊，又名俊卿，字昌硕，别号苦铁等，浙江安吉人。他1844年出生于书香世家，自幼受父亲熏陶，酷爱刻印、书法。他能书写隶书、楷书，也能书写篆书，在书法印刻行业颇有成就。在移居苏州期间，他有幸接触大量的名人书画真迹，阅览之后，有心旷神怡之感，于是产生了向画界发展的决心。

吴昌硕步入绘画行业较晚，他用“三十学诗，五十学画”来形容自己。其实他并不是从50岁才开始学画的，只是他认为自己早些年的作品常有很深的书法痕迹，无法真正实现从“写”到“画”的飞跃。他一直想拜师学艺，但苦于无师可寻，只好闭门自学。然而他自认为难以突破的东西，反而成为其绘画中的最大优势。一次，经朋友高邕的介绍，吴昌硕师从任颐学习绘画。任颐让他先作一幅画看看，吴昌硕认为自己手笔不行，就随意画了几笔。任颐看后惊奇地说，昌硕下笔用墨绝非一般，早已在自己之上，如果稍加历练，日后必成大器。有了师傅的赞许和朋友的支持，再加上自己的勤学苦练，昌硕从此自信十足，绘画事业一路发展。最终，吴昌硕成为画界“后海派”的代表人物，与任颐、赵之谦、虚谷合称为“清末海派四大家”。

吴昌硕不但传承师学，还融合徐渭、朱耷、扬州八怪等诸家所长，不断潜心研究，综合提炼，终于形成自己的特色。他善画花卉、蔬果，常以书法之笔入画，笔锋洒脱自如，用墨浑朴有力，画成之后再配以诗文画印，别有

【图75】 [清]吴昌硕《牡丹水仙图》

一番特色。他画的花卉更是清新亮丽，别具一格。以大写意手法挥笔，笔锋、笔势都带有浓郁的书法气息。线条粗犷，下笔遒劲，气势潇洒，纸面纸背都透露出挺劲的力道。每种花卉从他的笔下一出，内在的气质自然流露。他画兰花时，以力挺的篆书入画，配以浓淡墨色，兰花的高洁性格一下就体现出来，连师傅任颐都对他篆体绘画的方式拍手称奇。

吴昌硕在构图上也采用书法模式，他常用“之”字或“女”字格式安排所画之物，使物体之间虚实有度，更能突出绘画主体。他画菊花时，以岩石或细高形花瓶为衬，布局安排合理，突出菊花的主体地位。再用黄、红设色，情趣妙韵自不必说。

吴昌硕在设色上偏爱红色，他常用西洋红或胭脂红点缀花朵，色泽鲜艳浓郁，与其他颜色形成强烈的对比，他画的牡丹（图75），敷以鲜艳的胭脂红，在绿叶的相衬下，显得娇艳欲滴。他画的红梅，用红紫颜色设色，即使在清冷幽寂的时节，也为人间增添了一分生机勃勃的色彩。

吴昌硕的传世作品很多，有《大富贵》《佛像图》《红梅图》《蔷薇芦橘图》《秋艳图》等，其中画梅的作品占大多数，因为梅花是他钟爱的花卉。

《梅石图》是吴昌硕晚年的作品。整幅画面节奏富于变化，笔势收放自如，苍劲之中带着雅致，令人观后心胸开阔，流连忘返。吴昌硕的另一幅梅花作品《红梅图》也很有特色。《红梅图》是吴昌硕在79岁高龄时创作的。他采用“画梅无全树”的一贯风格，用篆书的笔法蘸染浓墨“一路直上”，画出梅的枝干。浓浓墨迹的树枝虬曲相交，如铮铮铁骨般硬朗刚劲。梅花用没骨法画成，不用勾画，直接用胭脂红晕染，使其疏密有致地出现在枝头，娇美亮丽，鲜艳无比。他还在旁边配以长诗一首。如果说作者画的红梅充满画意，那么其题写的长诗就更能体现诗意，这种诗情画意的交汇融合，使作品达到炉火纯青的境界。

【图 76】 高剑父《烟霞图》

岭南三杰

高剑父、高奇峰和陈树人都是广东籍画家，被称为“二高一陈”。他们共同创立了现代岭南画派，岭南画派在中国画的基础上融合了日本、西方画法，着重写生，章法、笔墨自成一格，作品带有浓郁的地域特色，为20世纪的中国画坛注入了新的活力。岭南画派“折衷中西，融汇古今”，追随者甚众，他们与京津画派、海上画派三足鼎立，成为近现代中国画的主流。

高剑父，广东番禺（今广州）人，岭南画派的领袖人物。他出生于绘画世家，祖父高瑞彩既懂医学，又善作画；父亲高保祥精通武术，也能作画。在家庭浓郁艺术氛围的熏陶下，高剑父从小就对绘画产生了浓厚的兴趣。他早年师从岭南著名国画画家居廉，后来远赴日本留学，继续钻研绘画。在继承国画传统艺术的基础上，吸收外国绘画的精髓，不久就成为画界首屈一指的人物。

高剑父把毕生的精力都投入到改变中国绘画风貌的事业中。他主张作画要达到雅俗共赏的境界，还要相互兼容，取长补短，一方面使院体画与文人画相融合，另一方面还要把国画与西方绘画相结合，以形成自己的特色。他倡导“中西结合”“笔墨当随时代”“古今融合”等众多口号，力求作品不但精美，更要符合现代人的审美眼光。他的思想和见解得到许多人的认可与追随。傅抱石曾说：“剑父年来将滋长于岭南的画风由珠江流域发展到了长江。这种运动，不是偶然，也不是毫无意义，是有其时代性的……中国画的革新或者要希望珠江流域了。”

高剑父画山水、人物、花卉、走兽、禽鸟，无所不能。所画山水基本不用中国画的线条，只用墨色晕染，便能体现出朝夕变化、风云涌动的景象。他画人物沿袭了画家梁楷的“减笔”特征，简单几笔，不用敷彩也能形神兼备。他的传世作品有《雷峰夕照》、《恒河落日》、《秋瓜》、《烟霞图》（图 76）等。

高奇峰，名嵡，高剑父的弟弟，他从小受父亲和兄长的熏陶和教导，对绘画艺术情有独钟。早年师从居廉，后留学日本。在博采众长的基础上，古为今用，洋为中用，终自成一家。

高奇峰善画翎毛、走兽、人物、山水、花卉，尤以花卉、走兽最为擅长。他常以鹰、狮、虎等猛兽入画，下笔恣意洒脱，收放自如，所画形象逼真、色泽饱满，可谓神形俱佳。

高奇峰既精工笔，又精写意，他能粗细笔并用，水墨与色彩结合，风格多变，形式多样，更显示出画风的雄健秀美。他的作品有《海鹰》《白马》《怒狮》《虎啸》《雄狮》《孤猿啼雪》等。

除高剑父、高奇峰兄弟外，陈树人也是岭南画派独树一帜的人物。

陈树人，号葭外渔子、得安老人等，广东政治活动家。他自幼喜爱美术，早年跟随国画大师居廉学画，后来远赴日本深造。他曾参与孙中山组织的革命活动，从政之余，陈树人潜心钻研绘画创作。他的画清新亮丽，意趣灵动，富有诗情画意，在中国画界能自成一家。他在 48 岁时创作的《岭南春色》，在比利时万国博览会上获得金奖。

“中国现代美术第一人”陈师曾

陈师曾，原名衡恪，号朽道人、槐堂，江西义宁人（今江西省修水县）。他出身于书香门第，祖父陈宝箴为湖南巡抚，父亲陈三立为著名诗人。受家庭环境的影响与熏陶，陈师曾博学多才，书法、诗文、篆刻、绘画样样在行，尤其在绘画上显示出颇高的造诣。

陈师曾自幼接触绘画，年少时受知名书画家胡沁园与王湘绮的点拨，后师从著名书画家吴昌硕，自此便正式走上绘画之路。

陈师曾重视古代名家的笔法与意境。画山水取法明代沈周、清代石涛，常作园林小景。画花鸟沿袭明代徐渭、陈淳的大写意技法。在人物绘制上则采用更为现代的表现手法，且首次将平民百姓的生活作为题材引入国画，常以社会底层人物为题材，如收破烂、说书与卖糖葫芦的人，用速写与漫画性的手法对他们进行描绘。

陈师曾的作品以大写意为主，有很多作品都是描绘花果和山水的，如《山水花卉图》、《墨笔山水图》、《读画图》（图 77）、《蔬果图》、《蔷薇图》、《榴石图》、《佛手图》、《秋花图》等。他用笔老练沉稳，造型高雅生动，显示出极强的艺术功力与感染力，是中国绘画界不可多得的人才，被梁启超誉为“中国现代美术第一人”。

陈师曾从 37 岁开始频繁接触美术活动，与齐白石、姚华、陈半丁等人共同绘制了《北平笺谱》；在继承与发展中国传统绘画的同时，撰写出许多有价

【图 77】 陈师曾《读画图》

值的专论著作，如《中国画小史》《中国绘画史》《中国人物画之变迁》《文人画的价值》等。

《中国绘画史》是根据其授课内容总结提炼而成的著作。全书共用四万字记载了隋、唐、元、明、清至近代的绘画历史、画家流派与技术变迁，是关于中国绘画史的代表作品。陈师曾还针对否定中国传统绘画，盲目崇拜西方艺术的习画之人撰写了文章《中国画是进步的》。该文以史实为依据，以现实为参照，充分证实了中国画是一直处于进步当中的。

陈宝箴

陈宝箴是洋务运动的代表人物之一，虽只中了举人，但曾国藩见其文才、韬略和办事能力绝非一般人，称他为“海内奇士”。1895年，陈宝箴任湖南巡抚，以“变法开新”为已任，与黄遵宪等开明人士一起推进新政。他不仅兴办实业，还开办了时务学堂，刊行《湘学报》，为近代中国培养了一大批人才。

【图78】 齐白石《虾》

画虾大师齐白石

齐白石，原名纯芝，字渭清，后改名璜，字濒生，号白石，湖南湘潭人。他出身贫寒，早年跟祖父学做木匠活儿，后来改学雕花。27岁时开始学画，他的老师胡沁园发现齐白石的许多画上都没有题款，就说："离你家不远处，有个叫白石铺的驿站。那里虽无名山大川，可是风光十分秀美，你就叫白石山人吧。"齐白石觉得这个名号不错，就是四个字写起来有些不便，于是在题画时简化为"白石"二字，后来，"齐白石"便成为闻名世界的名字。

齐白石先后拜萧芗陔、文少可、陈少蕃、王仲言、黎松庵等人为师，学习书画创作。他博采众长，在吸收与借鉴的基础上，发展出自己的一派特色。山水、花鸟、鱼虫、人物，他无一不精，无所不能。只用简练明快的造型，就能传达出浑厚质朴的意境，笔墨苍劲而沉稳，色彩鲜艳而舒畅，有淋漓滋润之感。

他画的人物外表出众，神态俱佳；画的山水能直接抒发内心感悟；画的花鸟鱼虫更是独具意趣。再融入大气雄健的书法，作品无不传达出一种现代化的艺术精神，震撼人心。

齐白石能创作出如此简约大气的作品，原因就在于他喜欢将自然界中最普通的东西入画，并遵循从实际出发的原则，不去凭空想象。一旦选定题材，必定要用心观察、仔细研究，所画之物不差分毫。他的作品中多有白菜、鱼虾、青蛙，虾是最常见的题材（图78）。为了把虾画到极具传神的程度，他甚至用尽一生精力去研究。有一次他问学生："你们谁知道虾应该在第几节处打弯？"学生们面面相觑，谁都回答不出来。齐白石就告诉他们，打弯处是在虾的第三节。学生们听后，无不敬佩老师那细致入微的观察。

齐白石画虾的作品很多，有一幅《虾趣》是他 75 岁时绘制的，是其画虾成熟时期的代表作品。该画构图简练，描绘了八只青虾在水中活动的场面。从每只虾的动作中，我们很容易就能看出它们正在进行的活动：有的打闹，有的嬉戏，有的像在交谈，有的像在观察什么。这幅画在布局上疏密有致，作者把每只虾都画得十分清晰，即使拥挤在一起的，也能分辨出一只只个体。

齐白石还有一幅《虾》，是其 89 岁创作的作品。此时他画虾已经达到了出神入化的境界。该图着重表现虾活泼可爱、机灵敏捷的特征。虾头用三笔浓淡相宜的墨色表现动感。用淡墨、焦墨相间的手法使头部更为灵动，富有一定的变化；虾的腰部连续几笔，一气呵成，拱起、直挺等动作清晰可辨，带有很强的节奏感；尾部使用三笔淡墨，还原虾的透明感；再配以又长又细的胡须，那种灵动的感觉自然而然地散发出来。

画马大师徐悲鸿

徐悲鸿是我国近代杰出的画家和美术教育家，江苏宜兴人。他自幼跟父亲苦学诗文书画，9 岁时四书五经就能熟记于心。10 岁左右临摹古人的作品，掌握了国画设色、敷彩等技巧，自此开始靠卖画为生。

为进一步提高画技，与西方艺术接轨，徐悲鸿来到艺术流派众多、各类名家汇集的上海。起初，他也靠卖画为生，后来结识了高剑父、高奇峰、黄警顽与黄震之等名人。在他们的支持与资助下，徐悲鸿开始学习法语、德语，为其今后绘画水平的进一步发展奠定了坚实的基础。24 岁时，徐悲鸿便踏上了留学法国的道路，开始接受正规的西方绘画教育。留学结束后，徐悲鸿对西方的绘画感触颇多。为把这些知识带回中国，改变中国的绘画风貌，徐悲鸿毅然决然地踏上了回国之路。他亲身投入到国家美术教育事业第一线，先后担任中央大学艺术系、北平大学艺术学院、北平艺专的教师，以及北京大学国画研究会的导师，把西方美术的光辉传达给更多的中国学生，为中国美术事业做出了重大的贡献。

徐悲鸿强调中西结合、古为今用的绘画技法，这与任颐推崇的国画革命不谋而合。他的作品明亮，造型精准，彩墨浑然天成；所绘之物外形生动形象，气质内外兼备，从而在中国画界掀起了一种风潮。

徐悲鸿善画人物、走兽、花鸟，尤以画马最为著名。他画的马桀骜不驯，自由奔放，有惊心动魄之美感。《奔马图》（图 79）是徐悲鸿画马的代表作品。

【图79】 徐悲鸿《奔马图》（局部）

1941年中国正处于抗战时期，人民处于水深火热之中，徐悲鸿悲情难耐，连夜挥笔绘制出壮观的《奔马图》。

除马画作品外，徐悲鸿的人物作品也相当出色，尤其是《田横五百士》（图80）。在这幅画中，田横身穿红衣，昂首挺胸，一脸严肃地抱拳向众人拜别。他的对面就是五百壮士的庞大群体。尽管画面没有完全显示这五百人，但徐悲鸿通过金字塔式的构图向后层层递进，色调也越来越暗，足以体现出众人密集的感觉。这些人物个个面带悲伤的表情，尤其是第一排的老人和怀抱小孩的妇女的组合最为突出。他们蹲在地上，抬头望向田横，眼神流露出的伤感悲痛与依依不舍，让人无不为之动容。

【图 80】　徐悲鸿《田横五百士》

田横五百士

田横是秦末时期反秦的代表人物，原为齐国贵族，陈胜、吴广起义后，田横也与两个兄长一起反秦自立。秦亡，汉高祖刘邦统一天下。田横因不愿称臣于刘邦，于是率手下五百人退守海上孤岛，坚持不肯投降。刘邦为免除后患，不断威逼利诱对其进行招抚，并告知受降可封王侯，抵抗将剿灭全岛。田横为保岛上五百随从的性命，最终决定只带两人前去面见刘邦。然而就在即将抵达的路上，田横竟遥拜故乡，从容自刎。两位手下和留在岛上的五百人也拒不接受刘邦的优厚招抚，全部自尽。后人感慨于他们这种坚贞不屈的高尚精神，遂以“田横五百士”故事传唱他们的美德。

【图 81】 黄宾虹雕像

“墨隐丹青”黄宾虹

黄宾虹（图 81），名质，字朴存，中年更号宾虹，祖籍安徽省歙县，生于浙江金华。他自幼通读诗文，在父亲的熏陶与家庭教师的教导下爱上书画创作。

黄宾虹一生经历了四次变迁，他越经受历练，绘画从青涩走向成熟也就越发迅速。他擅长画山水、花卉。早年效法于元明各家，下笔奇巧飘逸，虚实相间，疏密有致，表现景物清淡明朗，被称为“白宾虹”。后来他到上海、安徽等地游玩，被那里的山水风光深深吸引，自此画风开始转变。他喜欢上吴镇密集浑厚的笔墨用法，并由清淡朗逸的“白宾虹”变为墨迹厚重的“黑宾虹”。在北平工作期间，他又产生了另一种想法，将水墨的黑与朱红、青绿融合在一起。他将这一想法付诸实践，使作品“丹青隐墨，墨隐丹青”。这是一种水墨山水与青绿山水的有机组成，是中国山水画的新创举（图 82）。难怪有人说：“有清一代，墨法中力争上游者，当推石涛；至于现代，用墨精到而富有创造的数黄宾虹先生。”

《山水图》是黄宾虹“新创举”的最好体现。该图描绘了桂林山水的优美意境。黄宾虹以近、中、远三景纵深的方式构图，画面紧凑，节奏分明，赋予了山水丰富的内涵。这幅图在皴笔用法上也打破了常规山体、树石的皴笔方法，而是将书法中曲折多变的笔法运用于山水之中。画中既饱含书法意味，又表现出中国山水的多样风貌，是中国绘画史上笔墨实现自由化的一种体现。

【图 82】 黄宾虹《西冷湖山图》

此外，黄宾虹的《青城山中坐雨图》《青山红树》等作品也体现出其创新的山水画特色，这使他成为中国近代美术史上独树一帜的人物。

“墨彩相辉”张大千

张大千，原名正权，后改名爰，又名季爰，号大千，别号大千居士，四川内江人。他出身于书香门第，自幼聪颖好学，6岁能读《三字经》，7岁认得《千家诗》，9岁的时候就开始跟母亲学习剪纸绘画。

从日本留学归来后，在其兄长张善子的大力协助下，张大千来到上海拜师，正式学习绘画。他先拜曾熙为师学习书画，后来经曾熙引见，又结识了著名美术家李瑞清，在其门下深入学习。张善子为提携大千，常为他引荐上海文艺界的名流大家，如黄宾虹、齐白石、柳亚子、叶恭绰、谢玉岑等人，使其画技与日俱增，很快就在上海滩崭露头角。

张大千画人物、山水、花鸟、鱼虫、走兽无所不能，样样出众。他的画集作家、宫廷、文人和民间画风于一体，可用“包众体之长，兼南北二宗之富丽”来形容。其作品因风格不同可分为早、中、晚三个时期。

早期，张大千以摹古为主。他临摹过的古代画家作品不计其数，远到隋唐时代，近到明清时期，画风清新亮丽，仿真程度令人难辨真伪。他最喜欢临仿石涛和八大山人的作品。除了临摹，他还潜心研究这些画家用笔的优势劣势，为其后期作画打下了坚实的基础。

中期，张大千以自然为师。他游遍祖国名山大川，有“千山万壑入胸中”的感觉。中国名山众多，他始终对黄山偏爱有加，这也是受清代石涛的影响。因为石涛喜用黄山入画，而张大千一直推崇石涛的风格，自然也就对黄山情

有独钟。他认为：“黄山风景，移步换形，变化很多。别的名山，都只有四五景可取，黄山前后数百里方圆，无一不佳。”赏完中国美景，张大千还先后到阿根廷、巴西、美国等地，在举办个人画展的同时，饱览亚、美、欧各洲风景名胜。有了这些丰富的游览经历，大千的眼光和境界全部提升到一个新的高度，创作灵感也源源不断地涌现出来。

60岁之后，张大千的创作风格进入晚期，也是其绘画技艺的成熟时期。这一时期他注重“以心为师”，表现手法不拘一格。在传统笔墨基础上，融入西方现代绘画中的抽象表现主义，并把唐代王洽的泼墨技法与西方绘画的色光关系相结合，研发出一种全新的泼彩画法。这种画法使墨彩交相辉映，为绘画注入了全新的气息，之后他的绘画作品便上升到绮丽辉煌、天地合一的最高境界。

【图 83】　张大千《爱痕湖》

张大千一生创作出很多出色的作品，并在国内以及国外多个国家举办绘画作品展。他的作品不但在国内广泛流传，也被多个国家的博物馆及私人收藏。其代表性的作品有以摹古为主的《来人吴中三隐》《临石涛山水图》《梅清山水》《巨然茂林叠嶂图》，个人作品《爱痕湖》(图 83)、《长江万里图》、《四屏大荷花》、《八屏西园雅集》等。

《爱痕湖》描绘了瑞士亚琛湖的美丽风光，是展现张大千泼彩画法最具代表性的作品。在画中，张大千采用泼彩法处理山峰，那种墨彩相融的感觉如波涛一般，与处于静态的湖水形成鲜明对比。这是作者将中国传统技法与西方抽象派艺术画法相互融合产生的效果，也是对北宋雄伟山水画风的一种现代化的演绎。

徐悲鸿说："张大千，五百年来第一人。"这是对大千艺术的充分肯定。

张大千是中国画界的领军人物，行业中的佼佼者。他在上海开创的“大千画派”，是中国当时唯一一个不按地域划分而包罗万象的综合画派。他还为中国画坛培养出许多优秀的栋梁之材，如曹大铁、何海霞、胡爽庵、俞致贞、刘力上、胡若思、田世光、慕凌飞、糜耕云、梁树年等人。